KB078346

고양이는
과학적으로
사랑을 한다?

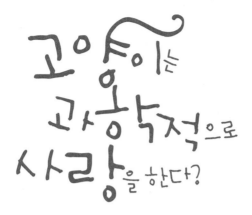

고양이는 과학적으로 사랑을 한다?

다케우치 가오루 · 후지이 가오리 지음
도현정 옮김

살림

contents

슈뢰딩거의 고양이 • 006
프롤로그 • 008

1 슈뢰딩거의 고양이 • 013
— 고양이, 도오루, 그리고 여자

2 안티키테라의 기계 • 043
— 사랑의 고민과 두 번째 모험

3 그는 짐승, 새, 물고기와 이야기했다 • 065
— 동경하는 사람을 생각할 때

4 갈릴레오의 손가락 • 095
— 신의 장난

5 산액 봉납 • 167
— 샨린과 과거의 실

6 피에르 퀴리의 가방 • 205
— 사진에 찍힌 두 사람

7 친애하는 아인슈타인이여 • 236
— 사랑의 행방과 미래

책을 마치며 • 331

슈뢰딩거의 고양이

'슈뢰딩거의 고양이'는 슈뢰딩거의 사고실험에 등장하는 고양이를 일컫는 말이다. 오스트리아의 이론물리학자 에르빈 슈뢰딩거는 파동역학의 창시자로 '원자이론의 새로운 형식의 발견'의 공을 인정받아 1993년 노벨물리학상을 수상했다. 슈뢰딩거는 말년에 과학철학을 공부했는데 '슈뢰딩거의 고양이'는 양자법칙이 거시세계까지 확장된다면 어떻게 되는지를 보여 주는 사고실험에 등장한다.

실험의 내용은 다음과 같다. 한 마리의 고양이가 밀폐된 상자 안에 갇혀 있다. 상자 안에는 알파입자 가속기와 청산가리 통이 들어 있다. 상자 속의 알파입자가 방출될 확률은

한 시간에 이분의 일 확률이다. 만약 알파입자가 방출되어 청산가리 통의 센서가 감지된다면 청산가리가 들어 있는 통은 깨지고 고양이는 죽게 된다. 과연 한 시간 후에 상자 속 고양이는 죽었을까? 아니면 살아 있을까?

상자 안을 확인하지 않은 상태에서 고양이는 중첩의 상태에 있다. 즉, 죽지도 살지도 않은 상태인 것이다. 물리학적 입장에 따라 고양이가 죽었을까 살았을까에 대한 답변은 저마다 다르다.

이 소설에 등장하는 슈뢰딩거의 고양이 역시 어디에서 나타났는지, 또 어떻게 신비한 현상을 일으키는지 아무도 알지 못한다. 확실한 것은 밀실과 같은 밀폐된 공간에서 단 하나, 책 한 권만이 열려 있는 상태였고, 그 고양이가 존재한다는 것이다. 고양이의 정체는 이 책을 다 읽은 독자들만이 어렴풋이 추측할 수 있을 뿐이다.

이제, 신비한 고양이 에오윈과 함께 아찔하고 짜릿한 시간 여행 속으로 함께 들어가 보자!

프롤로그

늦은 밤 캄캄한 어둠 속에서 도오루〔透〕는 문득 눈을 떴다. 서재 쪽에서 무슨 소리가 나는 기척을 느꼈기 때문이다.

'뭐지……? 책이 떨어졌나?'

서재의 책상 위나 책장에는 책으로 탑이 세워져 있다 해도 과언이 아니다. 그중 한 권이 미끄러져 떨어졌나. 여기는 맨션 8층이다. 설마 누군가 벽을 타고 올라와 집 안으로 침입하지는 않겠지만, 어쩐지 방금 전 소리에 신경이 쓰인 도오루는 일어나 서재를 확인하기 위해 옆으로 돌아누우려 했다.

'모, 몸이 안 움직여!'

눈은 확실히 뜨고 있는데 몸이 경직돼 전혀 움직여지지 않는다.

'가위에 눌렸나?'

도오루는 지금까지 '영감'을 느껴 본 적도, 유령이나 도깨비불, 미확인비행물체를 본 적도 없었다. 그야말로 처음 겪는 일이다. 서재 쪽에서 분명히 누군가의 기척이 들린다. 발소리를 죽이고 집안 구석구석을 살펴보는 듯하다.

서재의 창문과 비슷한 높이에 옆 전문학교의 뒷계단 층계참이 있다. 그곳에서 서재 창문까지 훌쩍 뛰어넘을 수는 없어도 밧줄을 타고 이동하면 창문 난간에 손을 걸칠 수는 있다. 하지만 도오루는 자기 전에 틀림없이 창문을 잠갔다.

그 기척은 서재를 나와 거실로 옮겨 갔다. 희미하게나마 발소리가 들린다.

'역시 누군가가 침입한 게 틀림없어!'

어떻게든 하고 싶지만 몸이 전혀 움직이지 않았다. 눈만 움직일 수 있을 뿐이다. 제대로 눈을 뜨고 있고 소리도 아주 또렷하게 잘 들리지만 아무것도 할 수 없다. 정체 모를 기척은 거실을 웬만큼 둘러봤는지 이윽고 도오루가 자고 있는 침실 쪽으로 다가왔다.

어렴풋이 숨소리가 들린다. 마치 냄새를 맡는 듯한 기척은 침대 옆을 지나 도오루의 발 근처로 이동했다.

'헉!'

무엇인가가 침대 위로 올라왔다. 생각보다 가볍다. 침대에는 네 발로 기어오른 것 같다. 그러고는 발끝에서 머리끝까지 천천히 도오루의 몸 위를 기어오르고 있다. 꼭 작은 아기가 기어 다니는 것 같다.

'아, 아기 귀신? 나한테 아기 귀신이 붙어 있었나?'

'그것'은 확실히 사람이 아니라는 느낌을 풍겼다. 이 세상의 생명체가 아닌 듯한……. 등골이 오싹해졌다. '그것'은 냄새를 맡는지 숨소리를 내면서 서서히 도오루의 얼굴 쪽으로 가까이 다가갔다.

정체를 알 수 없는 공포에 식은땀이 관자놀이를 타고 흐른다. 이윽고 '그것'이 도오루의 턱 근처까지 다가왔다. 냄새를 맡는다. '그것'이 토해 내는 짐승을 닮은 숨소리에 도오루의 공포는 극에 달했다.

'그것'의 손이 베개를 깊숙이 눌렀다. 어둠 속에서 반짝이는 비취색 눈동자와 도오루의 눈이 정면으로 마주쳤다.

도오루는 그 눈의 신비로운 반짝임에 의식이 빨려 드는 것을 느꼈다.

도오루는 다시 눈을 떴다. 창문으로 햇살이 들어오고 작은 새들이 지저귄다. 아침이다. 아니, 시계를 보니 이미 점심이

지났다.

'어젯밤 그건, 꿈인가.'

따뜻한 햇살을 받고 있으니 어제의 일은 그저 농담처럼 느껴질 뿐이다. 도오루는 바보 같은 꿈을 꿨다고 기막혀하며 일어나려고 몸을 옆으로 돌렸다. 그 순간.

"우왓! 너 어디로 들어온 거야!"

도오루의 베개 근처에서 비단결 같은 회색 털이 난 아기 고양이가 몸을 동그랗게 말고 자고 있었다. 도오루의 목소리에 한쪽 눈을 뜬 회색 고양이는 도오루를 흘끗 보고는 긴 꼬리 끝만 살짝 움직이더니 다시 눈을 감아 버렸다.

도오루는 침대에서 벌떡 일어나 창문이란 창문은 모두 확인했다. 모든 창문은 물론 현관도 제대로 잠겨 있다. 서재의 창문도 물론 잘 잠겨 있다.

하지만 어젯밤에 소리가 난 곳은 서재이다. 바닥을 보니 책 한 권이 떨어져 펼쳐져 있다. 집어 올려 보니 '슈뢰딩거의 사고 실험' 페이지였다. 양자론*을 다룬 책이다.

이 책을 책상이나 선반에 올려 둔 기억은 없다. 분명히 슬라이드식 책장 안쪽에 꽂혀 있었을 것이다. 게다가 틀림없이 슬라이드로 가려 있었다. 어젯밤 자기 전에 찾아볼 자료가

★ 양자란 물질을 이루고 있는 눈에 보이지 않을 정도로 작은 입자와 파동을 말한다.

있어서 슬라이드를 움직인 기억이 정확히 나기 때문이다. 어떤 책이 어디에 꽂혀 있는지 정도는 파악하고 있었다.

도오루는 슬라이드를 움직여 보고 꽤나 무겁다고 생각했다. 슬라이드 안쪽 책장을 보니 정확히 그 책이 꽂혀 있었을 공간이 비어 있었다.

'슬라이드가 멋대로 움직여서 책이 떨어졌나? 아니면 책이 슬라이드를 통과해 떨어졌다는 말인가? 터널효과★가 일어났을 리는 없는데, 이 두꺼운 책이 책장 벽과 그곳에 가득 찬 책 사이를 통과해 떨어졌다는 말인가?'

도오루는 펼쳐진 페이지를 물끄러미 쳐다봤다.

"슈뢰딩거의 고양이, 고……."

아까 베개 근처에서 동그랗게 몸을 말고 있던 회색 고양이가 어느새 꼬리를 다리에 감고 가까이 다가와 있었다. 쭈그려 앉아 머리를 쓰다듬어 주니 기분 좋게 목을 울린다.

"너, 어디서 왔나? 설마……."

도오루는 이 책에서 왔느냐고 물으려다 너무 바보 같은 생각이라 쓴웃음을 지었다.

★ 현대 과학에서는 책이 슬라이드를 '터널'처럼 빠져나올 확률이 전혀 없지는 않다고 알려져 있다.

1

슈뢰딩거의 고양이

고양이, 도오루, 그리고 여자

"좋아하지 않는다오.
관계를 가진 걸 후회하고 있소."
(양자학에 대해)
— 에르빈 슈뢰딩거(Erwin Schrödinger)

"굿모닝! 일어났어? 나 조금 헝그리해."

현관 자물쇠를 여는 소리가 들리고 샨린〔香鈴〕의 목소리가
복도에 울려 퍼졌다. 굿모닝이라고 말했지만 사실 이미 오후
두 시가 넘었지만, 도오루는 보통 늦게까지 자기 때문에 샨
린은 언제나 이렇게 말하곤 했다.

"먀오? 도루, 어떻게 된 거야? 먀오 주워 왔어?"

곧바로 거실에 들어온 샨린은 서재에 주저앉아 있는 도오
루의 모습보다 아기 고양이를 먼저 발견하고는 크게 소리치
며 쇼핑백을 바닥에 내팽개치고 고양이에게 다가갔다. 샨린
은 도오루를 '도오루'라고 부르지 않고 영어처럼 '도루'라고
부른다. 대만식으로 부르는 것이다.

"먀오? 그게 이 고양이 이름이야? 아는 고양이야?"

도오루가 고양이를 어루만지는 샨린에게 물었다.

"먀오는 고양이. 이 고양이 뭐야?"

"한밤중에 어딘가로 들어온 거 같아."

"한밤중? 어디로?"

"몰라."

"몰라? 왜?"

샨린과 이 정체 모를 고양이는 벌써 마음이 통했는지 책상다리를 한 샨린의 다리 위에 고양이가 빈틈없이 자리를 잡고 있었다.

"와이? 창문으로 오지 않았어?"

샨린과 고양이의 네 눈동자가 도오루를 올려다보았다. 샨린은 고양이가 마음에 드는 눈치이다.

"아까 확인해 봤지. 창문도 현관도 다 잠겨 있었어."

"그럼 어떻게 여기 있는 거야?"

"그러니까 나도 모르겠다는 거야."

아무리 그래도 책 안에서 튀어나왔을지도 모른다고 말하지는 못하겠고, 도오루는 그저 어깨를 으쓱였다.

"도루⋯⋯. 이 고양이 내다 버리지 않을 거지? 죽이지 않을 거지?"

샨린이 불안한 얼굴로 물었다.

"그렇게 안 하지……."

도오루도 고양이를 좋아한다. 사실 고양이라면 사족을 못 쓸 정도로 좋아하는 편이다. 버려진 고양이라면 길러도 괜찮겠지만 혹시 길을 잃은 고양이라면 주인의 걱정이 이만저만이 아닐 것이다. 그래서 아직 길러야 할지 말아야 할지 결정을 내리지 못했다. 하지만 죽이지 않을 거냐는 샨린의 질문이 너무나 뜻밖이어서 잘 이해되지 않았다.

"주인 없는 고양이라면 기를 거야."

"오케이, 오케이……. 다행이다."

도오루의 대답을 듣고 샨린은 고양이에게 마구 뺨을 비벼댔다. 그러고는 그대로 움직이지 않았다. 아니, 어깨가 떨리고 있다. 우는 건가?

"샨린, 왜 그래? 내가 무슨 말을 잘못했어?"

"노. 도루는 상냥해."

샨린은 고양이를 껴안고는 왜 그러는지 본격적으로 울기 시작했다. 도오루는 난처했다.

'어떻게 하지? 샨린은 왜 울까?'

"샨린, 왜 우는지 가르쳐 주지 않을래?"

도오루는 영문을 몰랐지만 샨린의 어깨에 팔을 올리며 다정한 목소리로 물었다.

"……예전 이야기야. 나 아기 고양이 주웠다. 집에 데리고 갔어. 젖어 있어서 불쌍했다."

"응, 그래서?"

"저녁에 그 사람 돌아와서 아기 고양이 봤다. 더러워! 냄새
나! 갖다 버려! 나, 싫다고 말했어. 불쌍하다고 말했어. 그랬
더니……."

그 사람이란 샨린과 이혼한 전남편이다. 샨린은 대만 사람
이다. 대만에 장기 출장 가 있던 일본 남자와 사랑에 빠졌고
함께 일본으로 와서 결혼했다. 하지만 결혼 생활은 그리 오
래 이어지지 않았다.

"그랬더니? 남편이 어떻게 했어?"

생각해 내는 게 괴로운지 샨린은 더욱 작은 소리로 중얼거
렸다.

"……그 사람 나 때렸다. 그래도 나는 아기 고양이 계속
안고 있었어. 그 사람 더 때렸다. 나 발로 차고서 아기 고양
이 빼앗아 갔어. 그 사람, 아기 고양이, 비닐 봉투에 넣어서,
봉투 묶어서……."

폭력을 휘두르는 남자였다고는 들었지만 아기 고양이한테
그렇게까지 하다니 너무 놀라웠다.

"그 사람, 봉투 바닥에 두들겼다. 몇 번이고 몇 번이고 두
들겼다. 봉투가 새빨갛게 됐어."

'정말 나쁜 인간이네! 고양이를 주워 온 샨린 눈앞에서 잔

인하게 죽이다니. 어째서 그런 남자랑 결혼을 했는지 정말 모르겠다.'

결혼한 적이 없는 도오루로서는 도저히 이해할 수 없는 일이었다.

"……버려. 갖다 버리고 와. 그래서 나, 공원 가서, 아기 고양이한테 미안하다고 말했다. 주워서 미안해. 내가 데려가지 않았으면 안 죽었다. 미안해, 말했어. 아기 고양이, 비닐 봉투에서 꺼내 땅에 묻었다. 불쌍해. 너무 불쌍해……."

샨린은 고양이를 안고 계속 울었다. 고양이도 불안했는지 야옹 하고 울더니 샨린의 얼굴을 핥기 시작했다.

"알았어. 미안해. 슬픈 이야기 물어봐서. 안 좋은 일 생각나게 했네. 미안. 근데 나는 그런 짓 안 해."

"안 해? 절대, 안 해?"

"절대로 안 해. 약속할게."

그렇게 말하면서 도오루는 샨린에게 키스했다.

"도루는 상냥해."

"대부분 그렇게 심한 짓 안 해. 그 남자가 이상한 거야."

그렇게 말하고 안아 주니 샨린은 겨우 안심이 되는지 몸에서 힘을 뺐다.

"샨린, 나 조금 배고파. 요구르트 줄래?"

샨린은 코를 훌쩍거리며 고개를 끄덕이고는 무릎 위에 있던 고양이를 살짝 내려놓고 부엌으로 들어갔다.

"이러면 널 키워야 하는 거냐."

도오루가 머리를 쓰다듬자 고양이는 등을 활짝 펴고 윤이 나는 꼬리를 세우더니 샨린을 따라 부엌으로 가 버렸다.

"이건 뭐야⋯⋯. 멋대로 주거침입을 해 놓고 집주인인 나보다 샨린이 더 마음에 든 거냐고."

고양이 특유의 변덕에 쓴웃음을 지으며 도오루는 바닥에 펼쳐져 있던 양자론 책을 주워 들었다.

샨린은 도오루의 아침 겸 점심을 만들어 주고서 소파에 진을 치고 앉아 고양이와 몇 시간째 계속 놀고 있다.

"이 고양이 눈동자 색깔이 달라. 오른쪽은 황금색, 왼쪽은 청색이야."

"뭐? 비취색 아니야?"

도오루가 음식을 먹으면서 말했다. 어젯밤 침대에서 본 두 눈동자는 비췻빛으로 반짝거렸다. 그것은 정확히 기억했다.

"황금색, 청색. 완전히 달라. 게다가 여자 아이네."

샨린은 고양이 몸을 여기저기 구석구석 만져 본 모양이다.

고양이가 만족스러운지 갸릉갸릉 목을 울리는 소리가 도오루에게도 들렸다.

"얘, 먀오? 너 어디서 왔어? 이름은 뭐야?"

그러고 보니 그렇다. 그 수수께끼는 여전히 풀리지 않았다. 도오루는 먹던 손을 멈추고 탁자 위에 놓아 둔 양자론 책을 응시했다. 책 안에서 고양이가 나왔다는 이야기는 아무도 믿지 않을 것이다. 하지만 어젯밤 이 집은 밀실이었다. 오직 이 책만 열려 있었을 뿐이다. 그렇다면 이것이 바로 밀실 미스터리가 아닌가.

"도루, 먹기 싫어?"

손이 멈춘 걸 눈치 챘는지 샨린이 물었다.

"아니, 아니야. 그냥……."

"그냥, 뭐?"

"그 고양이가 어디로 들어왔나 싶어서."

"도루, 잠이 안 떨어져서."

"잠이 덜 깬 거 아니냐고?"

"응, 그거. 잠이 덜 깬 거야. 그러니까 창문 연 거야."

"정말 전부 다 잠겨 있었다니까."

"말도 안 돼."

"그야 나도 알지. 그러니까 생각하는 거라고."

"화내지 마."

"화 안 났어."

"화난 목소리잖아."

샨린이 불안한 목소리로 다시 말했다. 샨린은 도오루가 화 내는 것을 무서워한다.

"괜찮아. 그냥 생각하는 거야. 노 프라블럼. 걱정하지 마, 샨린."

"······알았어."

그럭저럭 납득이 되었는지 샨린은 다시 고양이 관찰을 시작했다.

'어째서 이렇게 불가사의한 녀석들만 나한테 올까?'

샨린과의 만남도 신기하기 짝이 없었다. 샨린도 어떤 의미로는 주워 온 것이나 마찬가지다.

몇 개월 전 어느 날 밤, 귀가가 늦어진 도오루는 걸음을 재촉하며 차가운 비가 보슬보슬 내리는 길을 따라 집으로 가고 있었다. 역에서 맨션까지는 걸어서 5분 정도 걸린다. 도오루는 최대한 빨리 가서 따스한 물이 담긴 욕조에 들어갈 생각에 평소와 다른 길로 가고 있었다.

물이 바다로 흘러 들어가는 곳에 다리가 놓여 있다. 그곳을 빠른 걸음으로 건너려는데 무슨 소리가 들렸다. 이 강은 기수*인 데다 더러워서 보통 물고기는 거의 보이지 않는다. 무슨 소리인가 싶어 슬쩍 목을 빼고 강을 들여다보니 뭔가 하얀 천 같은 것이 호안(護岸)에 달라붙어 있었다. 그리고 그 하얀 천은 조금씩 움직이고 있었다.

'뭐지? ……이런!'

다리 난간을 잡고 자세히 보니 세상에, 천이 아닌 사람이 호안에 달라붙어 있었다. 그 사람은 호안 벽에 빽빽이 달려 있는 굴을 발판 삼아 필사적으로 바다에서 올라오려는 것 같았다. 하지만 굴은 체중이 실릴 때마다 툭툭 떨어져 나가니 그러다가 사람도 함께 바다로 빠져 버리는 것은 시간문제였다.

'크, 큰일이다. 어쩌지! 경찰을 부르나? 소방서?'

"이봐요! 거기, 힘내요! 지금 갈 테니까!"

도오루가 크게 소리치자 미약한 목소리가 들려왔다.

"……헬프……."

여자다. 그리고 외국인인 것 같다. 어쨌든 빨리 끌어올려야 한다. 저 상태로는 조만간 힘이 다 빠져 버린다.

도오루는 다리를 건너고 울타리를 뛰어넘어 호안과 울타리 사이의 풀숲을 헤집고 여자에게 다가갔다.

★ 바닷물과 민물이 섞인 하구의 물.

"여기, 어서 잡아!"

도오루가 손을 뻗었지만 최악의 상황으로 조수가 빠져나가고 있어 손이 닿지 않았다. 해면이 조금만 더 높아도 어떻게든 닿을 거리였다. 그렇게 손을 내밀고 있는 사이 여자가 다시 바다에 빠졌다.

"위로 올라와! 업! 업!"

여자는 헐떡거리면서 얼굴을 수면 위로 들었고 재차 굴 껍데기를 붙들었다. 도오루는 윗옷을 벗어 소맷자락을 밧줄 대신 늘어뜨렸다.

"이걸 붙잡아! 그래, 그대로 놓치지 마!"

도오루는 온 힘을 다해 옷을 끌어당겼다. 드디어 여자의 손을 잡을 수 있게 되자 여자도 필사적으로 도오루의 손에 매달렸다. 여자의 손은 얼음장처럼 차가웠다.

"이봐요! 거기 누구, 누구 없어요?"

혼자서 끌어올릴 수 있을지, 누군가 도와줄 사람이 없을지 순간 생각했지만 이렇게 비가 많이 내리는 늦은 밤에 지나다니는 사람은 거의 없을 것 같았다. 도오루는 이를 악 물고 상당한 시간을 들여 겨우 여자를 끌어올렸다. 여자는 죽은 것처럼 움직이지 않았다.

'히, 힘들어. 운동 부족이 이렇게 드러날 줄이야.'

"지금 구급차를 부를게요. 알아요? 구, 급, 차?"

도오루는 여자를 흔들며 말을 걸었다.

"노…… 플리즈…… 노."

여자는 힘겹게 눈을 뜨더니 떨면서 간청했다.

"그렇지만 이대로는."

"플리즈……."

여자는 눈물을 흘리며 호소했다. 불법 취업한 외국인일지도 모른다. 하지만 이대로 두면 정말 죽을지도 모르니 대책을 세워야 한다. 여기서 죽어도 곤란하다.

'어쩔 수 없지.'

도오루는 여자를 짊어지듯이 안아 들고는 울타리 가장자리에 있는 틈을 힘겹게 빠져나와 자신의 맨션으로 데려갔다.

'누군가가 봤다면 분명히 납치하는 것으로 착각하겠지.'

도오루는 아무도 마주치지 않고 여자를 방으로 옮길 수 있었다. 여자의 옷은 흠뻑 젖어 있었지만 몸이 가벼워 그나마 쉽게 옮길 수 있었다.

바로 목욕탕으로 직행해 도오루도 여자도 옷을 입은 채 뜨거운 물을 끼얹었다. 여자는 도오루가 아무리 뜨거운 물을 끼얹어도 이를 딱딱 부딪치며 부들부들 떨었다. 굴에 매달려 있던 탓에 손끝이 전부 갈라져 피범벅이었다. 치마를 입어서 허벅지도 종아리도 상처투성이다.

도오루는 욕조에 뜨거운 물을 받아 여자의 옷을 전부 벗기고 욕조에 담갔다. 여자는 아무런 저항도 하지 않았다. 저항할 기력조차 없는 것이다. 도오루는 여자를 욕조에 앉힌 채 머리부터 물을 뿌려 머리카락을 씻기고 팔다리를 문질러 더러운 것을 흘려보냈다. 그러자 겨우 여자의 얼굴에 홍조가 떠올랐다.

도오루도 옷을 벗고 욕조에 몸을 담갔다. 손발 끝이 천천히 저려 왔다. 도오루는 자신의 몸도 차가워져 있었음을 뜨거운 물에 들어가서야 처음으로 실감했다. 그렇게 몸이 따뜻해지자 도오루는 다시 여자를 안고 나와 몸을 목욕 타월로 푹 감싼 뒤 닦았다. 여자를 침실로 옮겨 담요로 감싸 눕힌 뒤에야 자신도 잠옷으로 갈아입은 도오루는 여자의 얼굴을 보면서 근심에 잠겼다.

숨을 쉬는 걸 보니 죽지는 않겠지만 앞으로 어떻게 해야 할지 막막했다. '잠시 눈을 뗀 사이 차가워져 있었습니다.'고 하면 무엇을 어떻게 설명해도 경찰이 자신을 범인으로 지목할 것이라고 생각했다. 아무리 생각해도 그것은 곤란하다. 매우 곤란한 일이다.

여자가 살며시 눈을 떴다. 새삼스럽게 다시 보니 물기를 머금은 눈동자에 곧게 뻗은 콧대, 핏기 없는 하얀 얼굴까지 꽤 아름다운 이목구비였다.

"미, 미안해요."

일본어다. 말이 통한다.

"도대체 어떻게 된 일이에요? 왜 그런 곳에 있었어요?"

"도망쳤어."

여자는 떨리는 손을 담요 밖으로 내밀면서 말했다.

'아아, 상처가 심하다. 소독하고 치료부터 해야겠는데.'

손발의 상처를 치료하며 도오루는 여자에게서 띄엄띄엄 사연을 들었고, 이름이 샨린이라는 것도 알았다.

오늘 낮에 이혼한 남편 일로 상담할 일이 있다고 모르는 여자에게서 걸려온 전화를 받은 샨린은 그 목소리가 너무도 절실해 아무런 의심도 하지 않고 밖으로 나갔다. 그러자 자동차에 억지로 밀어 넣어졌고 그곳에는 전남편이 있었다. 본 적도 없는 여자와 그 사람이 돈을 요구하기 시작했다.

"돈 있지. 백만 엔 내놔. 안 주면 죽인다. 말했어."

말도 안 된다, 어째서 내가 돈을 주지 않으면 안 되느냐, 내놔라, 못 준다, 끝없는 말싸움이 이어졌고 마지막에는 몸을 결박당한 채 맞았다.

"그 사람 말했다. 얼굴은 봐준다. 그 대신."

샨린이 담요를 들춰 몸을 보여 주었다. 아까 목욕탕에서도 눈치 챘지만, 샨린의 몸에는 시퍼런 멍이 셀 수 없을 정도였다. 그뿐 아니라 그들은 샨린에 입에 손수건으로 재갈을 물리고 옷핀 침으로 손톱 사이를 찌르면서 고문도 했다.

차창에는 짙게 선팅이 되어 있었고, 문이 잠긴 자동차 안에서 아픔을 참지 못하고 터져 나오는 절규, 도움을 청하는 목소리는 누구에게도 전해지지 않았다. 결국 샨린은 있는 힘껏 전남편의 얼굴을 차고, 여자의 턱을 머리로 들이받고 자동차에서 도망쳐 나왔다.

계속 도망쳐 바다와 이어진 강을 발견하고 물속으로 뛰어들었다. 그대로 굴을 붙잡고 몸이 잠기게 한 채, 쫓아오는 소리가 사라지기를 기다렸다. 시간이 얼마나 흘렀는지는 샨린도 모른다. 그렇게 드디어 도망쳤다고 생각했는데 이번에는 물 밖으로 올라갈 수 없게 되었고, 그때 마침 도오루가 그곳을 지나갔던 것이다.

도오루는 들췄던 담요를 덮어 주면서 말했다.

"불쌍해라. 오늘은 여기서 자도록 해. 나는 바닥에서 잘 테니까 필요한 게 있으면 깨워."

"나, 추워. 같이 자는 게 좋아."

샨린은 그렇게 말하며 눈물을 흘렸다. 도오루는 망설였지만 아직도 떨림이 멈추지 않는 그녀의 몸을 보면서 같이 자기로 했다.

"그럼, 그렇게 하지."

도오루는 샨린의 몸을 감싸듯이 안고 같은 침대에서 하룻밤을 보냈다. 이것이 샨린과의 첫 만남이다.

그러면 그때부터 계속 함께 살았는가 하면 그렇지도 않다. 샨린은 도오루의 맨션에서 하룻밤 더 지냈다.

"집에 가는 게 무서워. 우리 집, 알고 있잖아."

샨린은 하루 더 있게 해 달라고 부탁했다. 도오루도 그 기분은 충분히 알았다. 전남편과 그 여자가 온다면 또다시 도망칠 수 있을지도 모를 일이다.

게다가 놀랍게도 도오루는 샨린에게 반했다. 두 사람은 그날 밤 뜨겁게 서로를 안았다.

그렇지만 그 다음 날이 되자 샨린은 집으로 돌아가겠다고 말을 꺼냈다. 왜냐고 물었더니 일 때문이라고 했다. 그런 몸으로 일하는 건 무리라고 몇 번을 설득해도 샨린은 말을 듣지 않았고, 도오루는 어쩔 수 없이 샨린이 입을 만한 옷을 사 왔다.

'하룻밤의 사랑인가. 어젯밤의 일은 자신을 도와준 것에 대한 감사의 표현일 뿐인가.'

도오루는 축 늘어져 자포자기의 심정으로 현관까지 배웅했다.

"그런데, 또 와도 괜찮아?"

상처투성이의 샨린은 그 말을 남기며 집을 나갔고, 다시 도오루의 집으로 돌아왔다. 이런저런 사정 끝에 지금은 거의 동거하는 느낌으로 샨린과 사귀고 있다.

'물속에서 나타난 여자와 책 속에서 나온 고양이라. 어째서 다들 그렇게 희한한 곳에서 나타날까.'

그런 생각을 하며 도오루는 책을 집어 들고 슈뢰딩거의 고양이 사고 실험 페이지를 펼쳤다.

'뭐지? 뭔가 이상한 느낌이 드는데……. 아아!'

"있잖아, 샨린. 내가 바보 같은 이야기를 해도 들어 줄래?"

샨린이 어느 정도까지 이야기를 이해할지, 또 믿을지는 차차 생각하기로 하고 도오루는 이 회색 고양이가 어디에서 왔는지에 대한 추론을 이야기해 보기로 했다. 맥박이 빨라지고, 심장 고동이 귀에 들려왔다.

"바보 같은 이야기? 뭔데?"

"안 믿어도 되니까 일단 들어 봐."

"믿어 줄게."

"안 믿을 거야."

샨린은 어깨를 움츠리고 과장되게 눈썹을 찡그리더니 환하게 웃으면서 말했다.

"그럼 판타지네. 들을게."

고양이는 완전히 안심하고 샨린의 무릎 위에서 배를 드러내고 있다.

"그 고양이 이 책에서 나왔어."

도오루는 양자론 책을 들고 말했다.

"책? 무슨 말이야?"

무슨 말인지 모르는 게 당연하다.

"이 책은 양자에 관한 내용이야. 양자, 알아?"

"몰라."

예상했던 대답이었다. 대체 어떻게 이야기해야 이해할 수 있을지, 도오루는 골똘히 생각했다.

"으음, 있잖아. 예를 들어 이 머그잔을 산산조각을 내는 거야."

"깨뜨려?"

"그래. 계속 깨뜨려서 눈에 보이지 않을 정도로 잘게 만들다 보면 마지막에는 양자라고 하는 무지하게 작은 입자로 되어 있다는 걸 알게 돼."

사실 무척 작다는 말로는 충분하지 않지만.

"그러니까 여러 가지 물건이 다 그렇다는 거야. 이 탁자도, 그 소파도 양자라는 작은 입자의 집합이야."

"모이면 물건이 된다고?"

"그래 맞아. 그런데 양자는 너무나 불가사의해. 탁자나 소파가 되면 만질 수도 있고, 어디에 있는지도 알아. 하지만 양자가 되어 버리면 어디에 있는지, 어떻게 움직이는지도 잘 모르게 되는 거지."

정확히는 확률적으로만 포착할 수 있는 존재라 하여 불확정성 원리라고 한다.

"고양이 같아."

"뭐, 그런 걸까. 그러니까 그 양자를 보면……. 한 오십 년도 전에 연구한 사람들이 있는데 그 사람들 사이에서 논쟁이 일어났어."

"논, 쟁?"

"싸움 같은 거야. 그 사람들은 양자가 있으니까 그게 지나간 길이 있는지 없는지도 당연히 알 수 있다고 하는데, 그렇지 않다고 하는 사람들도 있어서 싸움이 된 거야."

"그렇지 않아?"

"이론상으로는 가능하지만 실제로 있는지 없는지는 아무래도 상관없다는 거지. 이론만 성립하면 양자가 지나가는 길은 생각하지 않아도 상관없지 않느냐, 어쨌든 있다는 것이 설명되니까, 라고 생각하는 사람들도 있었던 거야."

"어려워. 잘 모르겠어."

그야 그럴 것이다. 사실 이 설명도 정확하지 않다. 원래 양자역학에는 실재론과 실증론이라는 두 가지 해석이 있는데 실재론을 주장하는 이들은 그야말로 '존재'에 중요성을 더한 사람들이며, 후자를 주장하는 이들은 수식이 성립되었으면 그것으로 만족한다며 '증명'에만 초점을 두는 사람들이다.

"그러던 어느 날 에르빈 슈뢰딩거라는 사람이 그런 말을 하는 사람들에게 어떤 실험을 제시했어. 아, 미리 말하지만 이 실험은 머리로만 생각한 거지 실제로 하지는 않았어."

사고 실험이라고 하지만 그렇게 말해 봤자 샨린을 혼란시킬 뿐이다.

"머리로 하는 실험?"

"그래. 우선 상자를 하나 준비해. 한가운데 칸막이를 치고 한쪽에 고양이를 넣어 둬. 다른 쪽에는 어떤 게 들어가 있는데, 이건 분열할 확률이 오십 퍼센트, 분열하지 않을 확률이 오십 퍼센트인 희한한 거야."

이는 방사성 물질인데 이 방사성 물질이 방사선을 내보내고 다른 원소로 붕괴할 확률이 오십 퍼센트로, 붕괴하면 방사능이 검출되어 독가스가 나온다는 것이 실제 설정이다. 고양이가 살아남느냐 죽어 버리느냐는 방사성 물질의 붕괴에 의해 결정된다.

"그게 뭐야. 이상해."

"그래 이상하지만 만약 그게 분열하면 독가스가 나와서 칸막이 건너편에 있는 고양이는 죽어 버려."

"죽어? 불쌍해!"

"그러니까 실제로는 하지 않는다니까. 그리고 상자에는 뚜껑이 덮여 있어서 안이 어떻게 되었는지는 열어 보지 않으면 몰라. 중요한 건 분열할 확률은 반반이라는 거야. 독가스가 나올 확률도 반반. 무슨 말인지 알겠어?"

"먀오가 사는지 죽는지 반반?"

"그래. 잘 이해했네. 그러니까 열지 않는 이상 고양이가 살아 있는 상태와 죽어 있는 상태가 반반이라는 이야기야."

"모르니까?"

"모르니까. 그러면 고양이는 반은 살아 있고, 반은 죽어 있는 게 되는 거야."

"이상해, 그거."

"그래, 이상해. 그래서 슈뢰딩거는 반은 살아 있고 반은 죽어 있는 고양이가 있다면 이상하지 않느냐, 양자도 마찬가지로 이론만 성립하면 상관없다는 사고방식은 이상하다고 말했어. 이게 슈뢰딩거의 고양이라는 유명한 이론이야."

실제로 양자 상태라면 '중첩'이라는 흥미로운 현상이 일어나지만, 고양이처럼 체온이 높은 생명체에게는 그런 일이 일어나기 어렵다. 영하 이백 도 정도에서는 그럴 가능성이 있지만 영하 이백 도까지 고양이를 차갑게 하면, 중첩은커녕 동사해 버릴 것이다. 그래서 이 이론은 설정부터 무리가 있기는 하다.

"조금 알았어. 근데 잘 모르겠어."

"뭐, 어쨌든 그런 이야기가 있다는 건 알겠지? 이번에는 그 고양이야."

"이 고양이?"

샨린이 몸을 뒤집고 자고 있는 고양이의 털을 결을 따라 가지런히 모으면서 되물었다. 창문으로 석양이 비쳐 고양이 털이 공중에서 사라락 흩날리며 빛나 보였다.

"지금부터가 판타지야. 내가 이 고양이를 발견하고 어디로 들어왔는지 온 집 안을 확인했을 때 딱 한 군데 열려 있는 곳이 있었어."

"그것 봐. 열려 있었네. 도루, 잠꼬대였다."

"아니야. 열려 있던 것은 이 책이야. 책장 안쪽에 잘 꽂혀 있어야 할 책이 멋대로 책장에서 나와 이 페이지를 펼치고 있었어."

도오루는 샨린 앞에 책을 펼쳐 보였다. 그곳에는 슈뢰딩거의 고양이 사고 실험이 그림과 함께 실려 있다. 칸막이가 있는 상자와 한쪽에는 방사성 물질의 시한장치가 있다.

그리고 또 다른 쪽 칸막이에는…….

"집 안에서 열려 있던 건 이것뿐이었어. 그러니까 그 고양이는 여기서 나온 거야."

도오루가 그림에서 텅 빈 칸막이를 가리키며 말했다.

"응? 무슨…… 말이야?"

샨린이 눈썹을 찡그리며 도오루를 쳐다봤다. 도오루는 의자에서 일어나 샨린과 고양이 앞에 자리를 잡고 앉아 책을 펼쳐 바닥에 놓았다.

"이것 좀 봐. 전에 봤을 때 이 그림에는 고양이가 제대로 그려져 있었어. 그런데 여기. 고양이가 없어."

사고 실험 그림에는 칸막이로 나뉜 한쪽이 텅 빈 상자가 그려져 있다. 이건 말도 안 된다. 이 책은 바로 도오루 자신이 쓴 책이기 때문이다. 도판도 몇 번이나 확인했다. 애초에 고양이가 없는 슈뢰딩거의 사고 실험 그림이 책에 들어갈 리가 없다.

"도루, 지운 거 아니야?"

"그럴 리가 없잖아. 이건 인쇄된 책인데."

지운 흔적은 없다. 그 텅 빈 공간은 마치 처음부터 아무것도 없었다는 듯 깨끗하다.

방에 땅거미가 젖어 들었다. 해가 지고 있다.

"그래도……. 이상해."

"이상해도 이것 말고는 상황을 설명할 방도가 없어."

완벽한 밀실. 펼쳐진 책. 일러스트가 지워진 페이지.

그때, 고양이가 갑자기 일어났다. 고양이의 두 눈동자는 도오루가 어젯밤에 봤듯이 비취색으로 빛나고 있다.

"먀오, 왜 그래?"

"뭐지?"

방이 어둠에 휩싸였다. 창문은 열리지 않았는데 어딘가에서 미지근한 바람이 불어온다. 도오루와 샨린은 마치 보이지 않는 투명한 시트에 감싸인 것처럼 그 바람에 붙잡혔다.

"도, 도대체 뭐지?"

"도루, 무서워!"

도오루와 샨린은 몸을 맞대고 눈을 감았다. 바람이 더욱 강해진다. 그리고 순간 두 사람의 몸이 공중으로 떠오르는가 싶더니 어둠 속으로 빨려 들었다.

정신을 차려 보니 두 사람은 누군가의 방에 있었다. 분명한 건 도오루의 맨션은 아니었다. 벽이 온통 책장으로 채워진 조금 오래된 느낌의 서재 같은 곳에 있다. 그리고 남자 한 명이 창가에 있는 책상에 바싹 달라붙어 글을 쓰고 있다.

"여기 어디야?"

샨린이 속삭였다.

"나도 몰라."

도오루도 작은 목소리로 대답했다. 책상에 앉아 있는 남자에게는 지금 이 대화가 들리지 않는 것 같다. 남자는 머리를 긁적이다가 턱에 펜을 톡톡 치기도 하고 천장을 올려다보기도 하면서 뭔가를 궁리하는 모습이다.

"저, 저 사람은……."

도오루는 저도 모르게 목소리를 높였다.

"왜? 저 사람 알아?"

"슈뢰딩거야. 좀 전에 이야기한 고양이 실험을 생각해 낸 에르빈 슈뢰딩거★."

"어떻게 알아?"

"사진을 본 적이 있거든. 픽처 말이야."

"그렇구나."

어째서 슈뢰딩거가 눈앞에 있는지, 어떻게 이곳에 오게 된 건지 도오루도 샨린도 전혀 모른다. 기억나는 것은 고양이의 비취색 눈동자와 강한 바람 그리고 새카만 어둠뿐이다.

도오루가 슈뢰딩거라고 생각하는 남자는 종이 위에서 천천히 펜을 움직이다가 선을 죽죽 그어 지우고는 다시 적고, 머리를 감쌌다가 또다시 무엇인가를 적더니 탁! 하고 책상을 두드렸다. 그리고 그 종이를 뭉쳐 쓰레기통에 던지고, 이번에는 공들여서 종이에 무엇인가를 적고 만족한 듯 고개를 끄

★ 1887~1961. 1933년에 노벨 물리학상을 수상했다.

덕이더니 의자에 몸을 기대고 크게 기지개를 켰다.

　바로 그때였다. 어느새 그 회색 고양이가 쓰레기통을 뒤지고 있는 게 아닌가.

　"아니, 저 녀석이! 뭐 하는 거야. 얼른 이쪽으로 와!"

　"먀오, 컴온!"

　고양이는 쓰레기통을 가만가만 휘젓더니 구깃구깃 뭉쳐진 종이를 물고 종종걸음으로 두 사람에게 왔다.

　그리고 또다시 주변이 어두워졌다.

　도오루와 샨린은 방금 전처럼 도오루의 방에 있다. 방은 이제 완전히 캄캄해졌고 그 가운데 고양이의 두 눈동자만 비취색으로 빛난다.

　고양이는 물고 있던 종이를 털썩 떨어뜨리고 마치 아무 일도 없었던 것처럼 침실로 향한다.

　"저 녀석 뭘 주워 온 거야?"

　도오루는 불을 켜고 둥글게 뭉쳐진 종이를 펴 보았다.

　"뭐라고 적혀 있어?"

　샨린도 종이를 들여다보았다. 그 종이에는 어딘가 기묘한 문자가 늘어서 있다. 지우고 다시 쓰고, 지우고 다시 쓴 자국이 무수히 남아 있었다.

　"이, 이거……."

"뭔데?"

"슈, 슈뢰딩거 방정식이야! 슈뢰딩거 방정식의 초고야!"

"응?"

"양자역학에서 중요한 방정식이라고!"

"뭐라고? 도오루가 하는 말 모르겠어."

"몰라도 괜찮아. 어쨌든 이건 엄청나게 대단한 거야! 우리는 방금 슈뢰딩거 방정식이 완성되는 순간을 본 거야!"

샨린은 도무지 무슨 소리인지 모르겠다는 듯 눈썹을 찡그렸다.

"저 고양이……. 시간도 장소도 자유자재로 오가는 게 가능하단 말인가……. 그야말로 슈뢰딩거의 고양이군. 양자 고양이야."

뭐가 어떻게 된 건지 하나도 모르겠지만 어쨌든 도오루의 손에는 틀림없이 슈뢰딩거가 적은 종잇조각이 있다.

"슈뢰딩거의 고양이……. 슈뢰 고양이구나."

"슈뢰 고양이?"

"저 녀석 이름. 슈뢰 고양이로 하자."

도오루는 시공을 넘나드는 양자 고양이에게 딱 들어맞는 이름이라며 흡족해했다.

"싫어."

샨린이 천천히 이의를 제기했다.

"그 이름 하나도 귀엽지 않아."

"상관없잖아."

"싫어. 좀 더 귀여운 이름이 좋아."

샨린은 가끔 이상한 데서 고집을 부린다.

"그럼, 어떤 게 좋은데?"

"음……. 아까 그 사람 퍼스트 네임 뭐야?"

"에르빈."

"그러면 에오윈. 먀오, 여자아이. 그러니까 에오윈."

반대하면 안 된다. 샨린의 말에 어설프게 반대했다가는 큰 전쟁이 일어난다.

"알았어. 에오윈도 좋아."

"노 프라블럼이네. 땡큐 도루! 에오윈, 이제부터는 에오윈 이야!"

샨린은 도오루에게 키스하고 고양이를 따라 침실로 가 버렸다.

"슈뢰 고양이, 에오윈이라……. 뭐 괜찮잖아."

도오루는 슈뢰딩거의 초고를 조심스럽게 펼쳐서 잃어버리지 않게 클리어 파일에 넣어 두었다. 그리고 샨린의 뒤를 따라 침실로 들어가 문을 닫았다.

킥킥거리는 웃음소리와 키스하는 소리가 희미하게 들려오

더니 그 소리는 이윽고 옷이 스치는 소리와 달콤한 숨결로
변했다.

이것이 슈뢰 고양이 에오윈이 일으키는 신비로운 일의 시
작일 뿐임을 두 사람은 전혀 눈치 채지 못했다.

2

안티키테라의 기계

사랑의 고민과 두 번째 모험

"주기를 정하는 기능이 밝혀졌지만
아직까지 밝혀지지 않은 기능이 더욱 많을 것이다."
– 토니 프리스 박사

도오루는 기계, 특히 컴퓨터를 아주 좋아한다. 게다가 하늘이 두 쪽 나도 오직 맥(Mac, 매킨토시)일 정도로 맥을 좋아한다. 그러니 맥 이외의 컴퓨터를 사용한 적은 없다. 당연한 이야기지만 주변 액세서리에도 고집이 있어서 신제품이 출시되면 즉시 애플스토어에 주문한다.

　그런 탓에 얼마 전에는 샨린과 크게 싸우기도 했다. 도오루는 크리스마스 선물로 아이팟 셔플을 선물했다. 물론 이름도 새겼다. 샨린은 좋아하며 지하철 안에서도 지루하지 않겠다고 고마워했다. 샨린이 좋아하면 도오루도 기쁘다. 그래서 이번에는 생일 선물로 2GB 아이팟 나노를 선물했다.

　도오루는 셔플에서 나노로 업그레이드했으니 당연히 샨린

이 기뻐하리라고 생각했다.

"……땡큐, 도루."

하지만 아무래도 샨린의 반응이 시원찮다고 할까, 표정이 그다지 좋지 않았다.

"전에 준 거랑 다른 버전이야. 곡을 더 많이 넣을 수 있어. 200곡도 넘게 들어가."

"……."

"뭐야. 별로 안 기쁜 거야?"

"그런 거 아니야. 그렇지만 계속 똑같잖아."

"똑같은 거 아니야."

"……."

도오루는 여자의 마음을 전혀 모른다. 지금까지 사귀였던 여자 친구가 많지도 않았고, 애초에 여자와 인연이 없었기 때문에 여자를 기쁘게 하는 기술에는 능숙하지 않은 남자인 것이다.

샨린은 항상 귀걸이와 목걸이를 바꿔 하기를 좋아하고 액세서리에 관심이 많다. 그래서 생일 선물로 액세서리를 기대하고 있었다. 그러나 도오루는 샨린이 좋아하는 액세서리가 아니라 도오루가 좋아하는 애플 제품을 골랐기에 샨린은 솔직히 기쁘지만은 않았다.

"도루, 자기가 좋아하는 것만 사 주고."

"그것 말고는 생각이 안 나는데 어떡해."

"이것저것 있어. 반지, 귀걸이, 선물."

"나는 그런 거 잘 모른단 말이야. 어떤 걸 좋아하는지 모르잖아. 어디서 파는지도 모르고. 남은 기껏 선물했더니 불평이나 하고."

"불평 아니야."

"좋아하지 않잖아."

"좋아. 그렇지만 똑같다, 생각했어."

"같은 거 아니라니까."

"화내지 마."

"화낸 거 아니야."

"화내고 있어. 도루, 내가 좋아하지 않는다, 그렇게 말했어. 기쁜데."

"내가 보기에 그렇게 좋아하는 거 같지 않으니까."

"좋아."

"그럼 좀 더 표현하면 좋잖아."

"이것 봐, 화내잖아! 도루, 화내고 있어. 내 생일, 그런데 화내고 있어!"

이제 샨린은 반은 울고 있다.

"도루 화내니까 해피하지 않아. 내 생일 해피하지 않아!"

샨린은 가방과 코트를 거칠게 집어 들고 나가려 했다.

"화내는 도루, 싫어!"

"잠깐만. 화낸 거 아니야."

"몰라."

샨린은 현관에 주저앉아 코를 훌쩍거리며 부츠를 신기 시작했다.

"진짜 가려고?"

"갈 거야. 내 생일, 내가 축하할 거야."

"너 완전히 고집불통이야."

"그래. 나 고집불통. 그걸로 됐어. 됐다고!"

샨린은 마구 말을 쏟아 내고는 정말로 나가 버렸다.

"마음대로 하라고. 진짜……."

그로부터 삼일 후에 샨린이 울면서 도오루에게 전화했다. 일하다가 짬을 낸 것이다. 어딘가 역에 있는지 주변이 시끌시끌하다.

"도오루. 미안해. 기껏 선물 줬어. 그런데 나 마음대로 굴었다. 미안해."

그런 말을 듣고도 고집 부릴 정도로 어린애는 아니기에 도오루는 일 끝나면 집에 들르라고 말했다.

"가도 돼?"

"당연하지. 보고 싶어."

"일 끝나면 바로 갈게."

"응, 기다릴게."

이렇게 싸움은 일단락 지어졌다.

오늘은 휴일이기 때문에 샨린은 어젯밤 도오루의 집에서 잤다. 점심쯤 일어나 함께 아침 겸 점심을 먹고 샨린은 슈뢰 고양이 에오윈과 놀고 있었다. 그렇지만 두 시간이나 놀다 보니 질렸는지 도오루의 서재로 왔다.

"일하는 줄 알았더니."

도오루의 노트북 모니터를 보더니 샨린이 뾰로통해졌다.

"좀 전까지 일했어. 지금부터 쉬려던 참이야."

도오루는 프리랜서 기자이다. 대학원에서 이론 물리학을 전공했고 그에 관한 집필 의뢰도 들어오지만 본격적인 물리 전문서가 그렇게 많이 팔리지는 않아, 기업을 취재해 기사를 쓰거나 과학서의 서평을 쓰면서 생계를 유지하고 있다.

"쉰다고? 그럼 나 놀고 싶어."

"뭐 하면서?"

"뭐 할까……. 쇼핑도 좋고."

"사고 싶은 거 있어?"

"…… 없어. 그냥 보고 싶어."

도오루에게 샨린의 윈도쇼핑에 동참하는 것만큼 힘든 일은 없다. 끝없이 보고 또 보기만 하기 때문이다. 샨린은 갖고 싶은 물건이 있어도 마구 사려 하지 않는다. 탐이 나는 듯 바라보는 샨린에게 사 줄까 물어봐도 괜찮다고 한다. 스스로도 그다지 돈을 쓰지 않고 도오루에게 사 달라고 조르는 일도 거의 없다. 어렸을 때부터 갖고 싶어도 참는 습관이 들었는지 모른다.

　"뭐 보는 거야?"

　샨린이 모니터를 들여다봤다.

　"이거? '안티키테라의 기계'라고 세계에서 가장 오래된 컴퓨터야."

　"또 컴퓨터? 도루 만날 컴퓨터."

　"그렇게 말하지 마. 이거 이천 년이나 된 거야."

　"이천 년? 그거 정말 컴퓨터야?"

　"으음, 굳이 말하자면 시계 같은 거라고 해야 하나. 해와 달, 별의 움직임을 계산하는 기계였어."

　안티키테라의 기계는 천체의 움직임뿐 아니라 일식이나 월식까지 계산할 수 있었다. 수동 책력 계산기인 셈이다.

　"왜 지금 그거 보는 거야?"

　"왜냐니……. 이 기계는 지금부터 백 년 이상 전에 침몰한 배에서 발견한 건데, 다 따로따로 흩어져 있었거든. 게다가 계속 바다 밑에 있어서 부품이 다 녹슬어서 다시 조립할 수 없었기 때문에 그동안 이게 무슨 기계인지 몰랐어."

안티키테라의 기계는 1900년 즈음, 그리스 안티키테라 섬의 해저에 침몰해 있던 난파선에서 발견되었다. 팔십이 개의 청동 톱니바퀴의 파편이 이리저리 흩어진 채 나무 상자 안에 들어 있었다. 당시에는 조립도 못 하고 어떻게 움직이는지, 무엇에 쓰는지조차 모르는 의문투성이였다.

"그래도 그 픽쳐 만들어져 있어."

"이건 컴퓨터 그래픽이야."

"왓?"

"박물관이나 대학에서 조각조각 흩어진 부품을 연구해 이렇게 그림으로 만들었어. 그게 2006년에 「네이처(Nature)」라는 과학 잡지, 음, 그러니까 사이언스 매거진에 발표됐어. 이렇게 그림으로 만들고 나서 비로소 어디에 쓰는 기계인지 알게 된 거야."

그리스의 고고학 박물관과 영국 카디프 대학교의 연구팀이 여기저기 흩어져 있던 부품을 X선으로 분석해 컴퓨터 그래픽으로 재현했다. 그로써 드디어 용도가 밝혀졌고 그 내용이 2006년 「네이처」에 개재된 것이다. 도오루는 지금 노트북으로 그것을 보고 있었다.

"그거 재밌어?"

기계 같은 것에 흥미가 없는 샨린에게는 그저 기묘한 톱니바퀴로 보일 뿐이었다.

　"생각해 봐. 이천 년 전에 누군가가 컴퓨터를 만들었다니까. 게다가 수수께끼까지 있어."

　"수수께끼? 미스터리?"

　"그래. 이게 이천 년 전의 물건이라는 건 다들 알고 있었어. 그런데 그 후 천 년 동안 이렇게 대단한 걸 아무도 만들지 못했다는 거지. 이건 달력이나 마찬가지니까 당시에 무척이나 유용한 물건이었을 거야. 그런데도 그동안 아무도 만들지 못했어. 어째서 이 기술이 사라져 버렸는가. 그게 미스터리라는 거야."

　"천 년 지나서는 뭐 만들었는데?"

　"시계. 이거보다 훨씬 쩨쩨한 거."

　"쩨쩨해?"

　"훨씬 간단, 그러니까 심플한 거였어. 이런 기술, 테크놀로지가, 이렇게 대단한 게 있었는데 어째서 그 기술이 제대로 보존되지 않았는지 정말 알다가도 모를 일이야. 그렇지?"

　"설명서 같은 거 없어?"

　"없었나 봐. 설계도가 있으면 머리 좋은 누군가가 만들었을지도 모르는데 그런 걸 찾지 못했어. 그래도 그걸 머릿속으로 생각만 해서 만들기는 어려울 거야. 분명히 설계도, 설명서 같은 게 있었겠지만 그것도 분명히 사라졌겠지. 그리고 그걸 만든 사람까지 죽으면 아무도 못 만드는 거야."

"그렇게 어려워?"

"어려울 거야."

고고학 박물관의 전문가와 대학교, 첨단 기술 기업의 연구 팀이 총동원돼서 부품을 분석하고 컴퓨터 그래픽으로 재현하고서야 처음으로 용도가 밝혀졌으니 정말 어려운 기술이 아닐 수 없다.

"누가 만들었어?"

"그것도 몰라. 그러니까 이 안티키테라의 기계는 온통 미스터리투성이야."

이천 년 전에 만들어진 컴퓨터. 잃어버린 기술. 도오루에게는 흥미를 자극하는 이야기이다.

"그래도 이상한 기계."

그러나 샨린에게는 그런 로망이 이해되지 않을 것이다.

"우아, 냄새."

사박사박 소리와 함께 뭐라고 형용하기 어려운 냄새가 방 안에 가득 찼다. 슈뢰 고양이 에오원이 화장실 갈 시간이었나 보다.

"지금 내가 치워. 뭐 어때, 화장실도 잘 사용하고. 에오원, 정말 착해."

에오원이 나타난 날 저녁, 한바탕 소란을 끝내고 급히 고양이용 화장실과 사료를 사 왔다. 에오원은 가르쳐 주지도 않았는데 실수도 하지 않고 제대로 화장실을 이용했다.

화장실 시간이었다면 슬슬 배가 고파질 시간이다. 벌써 저녁이다.

"그런데 왜 에오원이라고 지었어?"

"에르빈하고 비슷하잖아. 그리고 에오원은 공주님."

"공주? 어디서?"

"도루, 봤잖아? 〈반지의 제왕〉 거기 나와."

그 영화는 확실히 DVD로 봤다. 하지만 원작을 몇 번이나 읽고 또 읽은 왕 팬 샨린은 내용을 전부 파악하고 있으니 감동했겠지만 도오루는 처음 보는 데다 삼부작을 한 번에 봤고 게다가 등장인물은 많지, 설정은 복잡하지 결국 뭐가 뭔지 잘 몰랐다.

"있었나? 그런 공주님."

"있었어. 강하고 예쁜 공주님. 나즈굴이랑 싸웠잖아."

"아! 그 사람!"

악의 우두머리의 부하인 기분 나쁜 검은 녀석들과 싸웠던 공주님이다. 검은 녀석들이 '나는 인간 남자에게 죽지 않아', 라면서 거만하게 웃고 있는데 '나는 여자다!' 라고 말하며 그 기분 나쁜 검은 녀석들을 전부 다 쓰러뜨렸다.

"이름 좋지. 그치, 에오윈."

에오윈은 샨린에게 가까이 다가와 얼굴을 샨린의 다리에 비벼 대면서 어리광을 피웠다. 그리고 훌쩍 도오루의 책상으로 가볍게 올라갔다.

"아! 안 돼, 안 돼! 노트북 위에 올라가지 마!"

"에오윈, 거기는 안 돼."

하지만 에오윈은 키보드 위에 눌러앉아 움직이지 않았다.

"이 녀석, 이러지 말래도. 고장 난다니까!"

"에오윈, 내려와."

에오윈은 흥이 깨졌다는 얼굴로 두 사람을 보았다. 황금색과 청색이었던 눈동자가 어느새 비취색으로 빛나고 있다.

"아."

"서, 설마……."

서재를 비추던 석양은 어느새 사라지고 미지근한 바람이 불어왔다. 그 바람이 소용돌이를 일으켜 서류 더미를 날렸다.

"엇! 또 뭔가 일어나는 거야!"

"도루!"

샨린이 도오루에게 바싹 붙었다. 서재는 어둠에 휩싸이고 바람의 소용돌이가 두 사람의 몸을 들어 올려 어둠 속으로 데려갔다.

하얀 석조 벽이 있고 바닥에는 판자가 붙어 있다. 채광창으로 따스한 햇살이 들어온다. 그 빛이 오랜 세월에 퇴색한 나무 책상과 변변치 못한 의자를 비췄다.

어쩐지 어수선한 방이다. 그런 방 안에 톱니바퀴와 막대기가 여기저기 어지럽게 흩어져 있다. 나무로 된 것이 있는가 하면 금속도 있다.

"여기, 어디야?"

"몰라."

방에는 아무도 없다. 에오윈은 어느새 킁킁 냄새를 맡으며 방 안을 돌아다니고 있다.

"아!"

"왓?"

"책상 위를 봐!"

그곳에는 조금 전 노트북 화면으로 보던 안티키테라의 기계가 놓여 있었다. 멋들어지게 완성되어 햇빛을 받아 금색으로 빛나는 모습은 그야말로 장관이다.

"지, 지, 진짜다……."

"저거, 아까 그 기계?"

"아마도……."

안티키테라의 기계가 완벽한 형태를 갖추고 도오루와 샨린의 눈앞에 있다.

"마, 만지면 안 될까……."

도오루는 진짜와 같은 공간에 있다는 벅찬 감동을 느끼며 진품을 두 손으로 잡고 자세히 들여다보고 움직여 보고 싶다는 마음이 점차 커졌다. 이 기계가 어떻게 천체의 움직임을 계산하는지 그 구조를 알고 싶었던 도오루는 저도 모르게 몸을 앞으로 내밀었다.

"안 돼."

샨린이 소매를 잡아당기며 도오루를 저지했다.

"왜."

"고장 나면, 만든 사람 곤란해."

"보기만 할 거야."

"거짓말. 도루, 분명히 만질 거면서."

들켰다.

"가까이에서 보기만 할게. 응? 그냥 보는 거야."

저 톱니바퀴와 막대기에 어떤 문자가 새겨져 있는지, 행성이 어떤 식으로 그려졌는지 너무나도 보고 싶었다.

갑자기 에오윈이 책상으로 뛰어올랐다. 그리고 안티키테라 기계의 냄새를 맡더니 한쪽 발로 톱니바퀴 하나를 살짝 만졌다.

"우왓! 만지지 마, 고장 나!"

안티키테라의 기계가 천천히 돌아갔다. 매끄러운 움직임
이다. 에오원은 잠시 동안 그 모습을 바라보다가 다시 킁킁
책상 위의 냄새를 맡기 시작했다. 뭔가 신경 쓰이는 냄새가
나나 보다.

"에오원, 이쪽으로 와!"

"왜 에오원은 만져도 되고 나는 안 되는 거야. 나도 만지고
싶어."

"도루, 고장 내. 기계 고장 내. 고장 내는 거 특기."

이전에 샨린이 소중히 여기던 목걸이가 엉켰을 때 고쳐 준
다고 만지작거리다 체인을 망가뜨린 걸 아직도 마음에 품고
있는 모양이다.

"잠깐만 하면 되잖아. 부탁해!"

"안 돼!"

"사실 잘 생각해 봐. 어차피 저건 배에 실려서 같이 침몰한
다니까. 완성품은 지금 저것뿐이야. 결국 다 망가져 버리는
데! 제대로 완성된 실물을 보고 싶단 말이야."

"그런 문제가 아니야."

"맞다니까."

그렇게 두 사람이 입씨름을 하는 사이에 에오원은 부스럭

거리면서 책상 한 구석에 산더미처럼 쌓여 있는 나무 부품의 밑에서 무엇인가를 발톱으로 잡아당겼다. 그리고 꼼꼼히 냄새를 맡고는 드디어 찾았다는 기색을 보이더니 그것을 물고 이쪽으로 뛰어왔다.

"너 뭘 들고 온 거야?"

도오루가 그렇게 물은 순간 두 사람은 다시 바람과 어둠에 휩싸였다.

정신을 차려 보니 도오루는 좀 전과 똑같이 의자에 앉아 있고 바람에 휘날렸을 서류는 어질러지지 않았다. 에오윈은 노트북 키보드에 앉아 있던 그대로이다.

하지만 무엇인가를 물고서 이쪽을 보고 있다. 비취색으로 빛나는 두 눈을 크게 뜨고.

"샨린, 불 켜 줘."

샨린이 서재의 불을 켜자 에오윈은 물고 있던 것을 톡 떨어뜨리고 등을 둥글게 말아 기지개를 켜더니 키보드에서 뛰어내렸다. 그리고 샨린을 쳐다보았다.

"야옹~"

"에오윈, 배고파?"

"야옹~"

"밥 줄게. 컴온!"

정신을 차린 샨린이 에오윈에게 사료를 주는 사이 도오루는 에오윈이 떨어뜨린 물건을 주워서 살펴보았다.

"우와! 샨린, 샨린! 이리 와 봐!"

"조금만 기다려."

차르르 그릇에 고양이 사료를 붓는 소리가 나더니 이번에는 물소리가 났다. 마실 물을 갈아 주는 모양이다.

"빨리 오라니까!"

"자, 여기 물이야."

샨린은 도오루의 눈앞에 일어난 엄청난 사건에는 관심이 없고 그저 에오윈을 시중드는 일에만 열심이다.

"왜 그래?"

그제야 샨린이 서재에 나타났다.

"여기, 이것 좀 봐!"

도오루는 손에 들고 있던 것을 샨린에게 내밀었다.

"이게 뭔데? 더러워. 무슨 냄새나."

"양피지라서 그래."

"양, 피, 지?"

"양 가죽으로 만든 종이야. 그래, 맞다. 안티키테라의 기계가 만들어진 시대, 그러니까 기원전 100년에는 이집트가 파

피루스 수출을 중단한 상태였고, 중국에서 만들어진 마 종이
는 유럽에 알려지기 전이었어. 그러니까 그 시대 유럽에는 양
피지밖에 없었던 거야. 이거, 안티키테라의 기계 설계도야."

"설, 계, 도?"

"어떻게 만드는지, 어떤 부품을 사용하는지 적은 거야."

"그걸 들고 온 거야?"

"응 …… 그런 것 같네."

에오윈은 양피지 냄새를 맡고 물고 온 건가. 남아 있는 양
고기 냄새를 맡았겠지.

"있잖아."

"응?"

"도루, 아까 말했어. 이 기계 바다에 잠겼다."

"응. 기계를 실은 배가 난파했어."

"설명서 없었어."

"못 찾았지."

"이거 아니야?"

"뭐?"

"에오윈, 물어서 가져왔어. 우리들 같이 들고 왔다."

"그 말은……."

"설명서 없어. 에오윈이 가져왔어."

"우리들이 훔쳐 왔다는 거야?!"

"아니야?"

앞뒤가 맞아떨어진다. 본체는 상자에 담겨 배에 실려 있었다. 하지만 상자 안에서 설계도 같은 것은 발견되지 않았다. 이렇게 우수한 기계의 설계도를 만들지 않았을 리 없으니 분명히 어딘가에 있을 것이다. 그것은 필시 기계를 만든 장본인이 가지고 있을 것이다. 그런데 그 설계도가 지금 도오루의 손안에 있다…….

안티키테라의 기계가 만들어진 후 기술을 잃어버린 것이 설계도가 없었기 때문인가? 그로부터 천 년 동안 유럽의 과학 기술을 정체시킨 것이 이 설계도가 이곳에 있기 때문이라는 말인가?

"어쩌지……."

"들고 가면 어때?"

"어디에?"

"뮤지엄이나."

"들고 가서 어쩌자고? 우리들이 훔쳐 왔다고 할 거야? 그리고 이거 전혀 낡지도 않았는데 이천 년 전의 설계도라고 한들 믿지도 않을 거야."

탄소연대측정이라도 하면 단번에 들킨다.

"그럼……. 그래, 도루가 만들었다고 하면 되잖아."

"내가 만들어? 설계도를? 컴퓨터 그래픽을 보고서? 말도 안 돼."

"그렇지만, 돈 줄지도 몰라."

"어렵다니까. 지금은 어디서 쉽게 양피지를 구할 수도 없고, 설계서는 고대 그리스어로 적혀 있는데. 나 고대 그리스어 몰라. 설명해 보라고 하면 그 자리에서 들통 나."

"그림만 종이에 베껴."

"나한테 복제하라는 거야? 무리, 무리야. 설계도만 그려 놓고 만드는 방법을 모르면 수상하게 여기는 게 당연하잖아. 도대체 무슨 생각을 하는 거야?"

조립해 보라고 하면 금방 거짓말이 들통 난다.

"도루, 컴퓨터 좋아해."

"좋아하지."

"그럼, 만드는 방법 생각해."

"여보세요."

"왜?"

"너 무슨 수를 써서라도 날 범죄자로 만들고 싶은 거야?"

"왓?"

"누군가의 발명을 자기 공로로 만드는 건 범죄라고. 크라임이야."

"그런 거야?"

"그래. 그러니까 이제 이 일은 우리만의 비밀이야. 톱 시크

릿! 알았지?"

"……오케이. 알았어."

"근데 나도 배고파. 뭔가 먹고 싶다."

"음……. 고기?"

"응, 좋아. 고기 먹고 싶네. 만들어 줄래? 내가 도울게."

"오케이. 준비할게."

샨린은 부엌으로 갔다. 도오루는 안티키테라의 기계 설계
서를 슈뢰딩거의 방정식 초고가 들어 있는 파일에 조심스럽
게 넣었다.

"왠지 나 다양하게 훔쳐 오고 있는 거 같은데?"

아무도 풀지 못한 고대의 수수께끼를 혼자만 알고 있다.
반은 죄책감, 반은 두근거리는 묘한 설렘을 느끼면서 도오루
는 파일을 책장 가장 안쪽에 넣었다. 그리고 노트북을 닫고
샨린을 돕기 위해 부엌으로 향했다.

슈뢰 고양이 에오윈의 장난이 앞으로 점점 심해지리라고
는 꿈에도 생각지 못한 채 말이다.

3

그는 짐승, 새, 물고기와 이야기했다

동경하는 사람을 생각할 때

"나는 유인원과 문명인 사이의
잃어버린 고리를 찾았다.
그것은 바로 우리들이다."
– 콘라트 로렌츠(Konrad Lorenz)

함께 저녁을 먹은 후 샨린이 자신의 아파트로 돌아가고 도오루는 홀로 침대 위에서 몇 번이고 몸을 뒤척이면서 시간을 어떻게 보내야 할지 몰라 힘겨워했다. 오늘까지 써야 하는 원고는 다 썼고 슈뢰 고양이 에오윈은 벌써부터 배게 옆에서 동그랗게 몸을 말고 자고 있다.

　"내일 아침 일찍이야."

　샨린은 스포츠 강사로 주로 요가를 담당하지만 다른 것도 한다. 프리랜서로 일하기 때문에 여러 군데에서 겸임으로 레슨을 한다. 그래서 근무 시간이 규칙적이지 않아, 아침 일찍 하는 날도 있고 돌아오는 시간이 상당히 늦어지는 날도 있는 식으로 그날그날 달랐다.

도오루의 맨션은 요코하마 역의 동쪽 입구에 있고 샨린의 아파트는 서쪽 입구에 있다. 도오루의 맨션이 역에서 조금 더 가깝다. 그러니까 도오루의 맨션에서 바로 출근하는 편이 편하다고 생각하지만, 샨린은 다음 날 일이 있으면 대개 아파트로 돌아갔다.

도오루와 샨린이 만난 지 벌써 반년이 지났다. 슬슬 같이 살아도 좋지 않을까 생각한 도오루는 몇 번이고 샨린의 마음을 떠보았다.

"여기로 이사 오지 않을래?"

샨린의 아파트에는 몇 번 가 본 적이 있는데, 원룸으로 좁은 편이고 역에서도 조금 멀다. 도오루의 맨션이 넓고 역에서도 가까우니 굳이 나쁠 것도 없다. 그러나 샨린은 꿈쩍도 하지 않았다.

이유를 물어보면 항상 같은 대답이 돌아왔다.

"돌아갈 곳 없어져 버려."

샨린이 태어나서 자란 집은 대만에 있다. 혹시 지금의 아파트를 비우고 도오루의 맨션으로 이사 왔다가 만에 하나 헤어지게 되면, 그렇게까지 극단적이지는 않더라도, 크게 싸우기라도 해서 나가 버리라는 말을 들으면 돌아갈 장소가 없다는 것이다.

확실히 일본 사람이면 집으로 돌아가 버리겠다는 협박도

통하지만 샨린은 집에 가려면 나리타 공항에 가서 비행기를 타지 않으면 안 된다. 그런 데다 샨린이 결혼을 결심했을 때 부모님이 크게 반대했다. 그걸 뿌리치고 일본에 와서 결국 이혼을 했으니 아무래도 집에 돌아가기 힘든 것이다.

이런 복잡한 생각으로 그녀는 고향집과 거리를 두게 되었고, 일본에는 딱히 의지할 친구도 지인도 없었다. 도오루의 맨션으로 이사했는데 어느 날 이별 통보를 받으면 당장 또다시 혼자 살 장소를 찾지 않으면 안 된다.

그런 번거로움을 생각하면 샨린은 지금 이대로가 좋다. 이혼을 했을 때 그런 고생을 했기 때문인지도 모른다.

"나, 언제든지 올게. 가끔씩 자고 갈게. 도루, 그건 싫어?"

솔직히 도오루는 샨린이 언제나 곁에 있어 주길 바라지만, 샨린의 불안을 모르는 것도 아니다. 그래서 더욱 강요해서는 안 된다고 생각하지만 샨린에게 홀딱 빠져 있는 도오루 역시 불안한 것이다.

도오루는 샨린이 아파트로 돌아가면 무엇을 해야 할지 몰랐다. 어쩌면 남자가 찾아올지도 모른다. 그러지 않을 거라고 생각하지만 그래도 샨린을 누군가에게 빼앗기지는 않을지 항상 불안했다.

게다가 전남편도 있었다. 샨린은 전남편에게 상당히 비참한 대우를 받아서 이혼했고, 그 후에도 속아서이긴 했지만 전남편과 만난 적이 있다. 전남편이 샨린에게 꼬인 관계를 풀고 원래대로 돌아가자는 말을 하는 것보다 해를 입히지는 않을지가 항상 더 큰 걱정이다.

자기가 반한 만큼 샨린도 자기에게 반했는지, 그게 아니면 단순히 외로워서 도오루를 만나는지도 궁금하다. 또 직업이 직업인만큼 관심을 보이는 남자들도 많을 것이다. 강사라고 하면 왠지 화려해 보이는데 얼굴까지 미인이다.

이런 것들을 곰곰이 생각하다 보면 도무지 마음을 놓을 수 없게 된다.

"결혼, 하고 싶다……."

에오윈의 비단 같은 털을 쓰다듬으며 도오루가 중얼거렸다. 본심은 바로 그것이다. 그러나 샨린이 언제 결혼해서 언제 이혼했는지도 모르고, 아직은 분명히 결혼에 대한 불안감을 가지고 있을 것이다. 만약 도오루가 샨린의 입장이었다면 다시 일본에서 결혼하기는 꽤나 주저될 것이다.

그러니 우선 함께 사는 것부터 시작하고 싶은 게 도오루의 바람이지만 그 첫 계단마저 올라서지 못하고 있다. 계단에 올라서지도 못하고 갑자기 청혼을 하면 도리어 긁어 부스럼을 만들 것 같아 고민은 더해 갔다.

"야, 에오윈. 너 이런저런 이상한 거 할 수 있으면 나랑 샨린 결혼이나 시켜 줘."

도오루의 말을 들은 에오윈은 눈도 뜨지 않고 그저 꼬리를 획 흔들었다.

"가끔은 내가 하는 말도 들어 줘라. 너한테 사료도 주고, 화장실 청소도 해 주잖아."

이번에는 꼬리 끝만 살짝 움직일 뿐이다.

"너 말이야……."

할 수 없이 이불 속으로 들어간 도오루는 에오윈처럼 몸을 둥글게 하고, 혼자 자는 쓸쓸함을 달래며 잠을 청했다.

찰칵하고 현관 여는 소리가 나더니 샨린의 목소리가 들려 왔다.

"굿모닝! 도루, 일어났어?"

샨린에게 여벌의 열쇠를 주었기 때문에, 샨린은 일이 끝나면 대부분 도오루의 맨션으로 왔다.

"우……. 아직 졸려."

도오루가 침대에서 끙끙거렸다. 어젯밤에 좀처럼 잠들지 못하고 새벽녘이 다 돼서야 겨우 잠들었던 것이다.

샨린은 침실에 들어와서 도오루의 머리 쪽으로 몸을 숙이고 이마에 키스했다.

"아직도 자? 벌써 세 시."

"이리 와……."

도오루는 양손을 들어 기지개를 켜고 그대로 샨린의 머리를 쓰다듬으며 졸랐다.

"도루, 오늘 애교 부리는 거야?"

샨린은 웃으면서 침대 모서리를 돌아 도오루의 위에 올라탔다.

"키스, 한 번 더 해 줘."

어젯밤의 허전함이 남은 도오루는 샨린에게 더욱 더 어리광을 부렸다. 샨린이 다시금 이마에 키스하자 손으로 입술을 가리켰다.

"거기 말고. 여기가 좋아."

"외로웠어?"

"외로웠어."

샨린은 얌전히 입술에 키스했다. 점점 키스가 진해진다.

"현관문, 잠갔어?"

"잠갔어……. 노, 노, 땀 흘렸어. 나 땀 냄새 나."

"샨린 땀 냄새는 싫지 않아."

도오루는 샨린의 옷을 벗기면서 어깨와 가슴에 키스하기 시작했다.

"샤워, 안 했어."

"괜찮아."

도오루는 침대 위에 길게 배를 깔고 누워 있는 에오윈을 쫓으며 샨린의 부드러운 몸을 안았다. 그리고 그대로 두 사람만의 즐거움에 흠뻑 빠져 들었다.

에오윈이 거실에서 끊임없이 운다.

"에오윈?"

구슬픈 울음소리가 집 안에 울려 퍼진다.

"도루, 에오윈 밥 먹었어?"

"아…… 안 줬다."

"어떡해!"

샨린은 침대에서 벌떡 일어나 서둘러 티셔츠를 입고 허둥지둥 거실로 날아갔다.

"불쌍해라. 에오윈, 너무 헝그리하지."

도오루가 늦잠을 자서 에오윈은 주린 배를 감싸고 삐쳐서 자고 있었던 것이다. 어지간히 배가 고팠는지 샨린이 사료를 꺼내는 것도 못 기다리겠다는 듯 밥 먹는 장소에 벌써 자리를 잡고 있다.

도오루는 티셔츠와 속옷, 청바지를 입고 발소리를 죽이며 거실로 나갔다. 샨린은 귀도 밝은지 어느새 눈치를 챘다.

"도루!"

"미안."

"미안은 내가 아니라 에오원. 에오원한테 사과해."

"에오원, 미안하다. 배고팠지."

에오원은 도오루의 사과는 귀에 들어오지도 않는지 그릇에 머리를 들이밀고 오로지 먹는 일에만 집중하고 있다.

"제때 밥 챙겨 줘야지."

"어제는 늦게 자서 그래. 일어나질 못했어."

"너무 불쌍하잖아."

"그럼 네가 여기로 이사 와서 매일 밥 챙겨 주면 되잖아."

"또 그 이야기."

"그래야 에오원도 편하게 지낼 수 있잖아. 안 그래?"

"……."

샨린은 미간을 찌푸리고 골똘히 생각에 잠겼다. 천하의 샨린도 에오원이 이유가 되자 조금은 생각해 볼 여지가 있나 보다.

"생각해 볼게."

"지금 당장이 아니어도 괜찮으니까."

도오루는 마음속으로는 앗싸! 하고 쾌재를 불렀지만, 얼굴에는 드러내지 않고 여유로운 척 말했다.

에오윈은 배를 채워 만족스러운지 열심히 얼굴을 닦는다. 그러다 훌쩍 창밖을 보더니 기묘한 소리를 내기 시작했다.

"캬캬! 캬캬!"

"왜 그래 에오윈? 밖에 뭐 있어?"

두 사람이 창밖을 보니, 베란다 난간 위에 비둘기 한 마리가 앉아 있다. 왜 그러는지는 모르지만 고양이는 손이 닿지 않는 거리에 새가 있으면 이런 소리를 낸다. 비둘기는 방 안에 있는 에오윈을 바보 취급하듯이 쳐다보다가 푸드덕 날개 소리를 내며 날아갔다.

"안타깝네. 에오윈, 그래도 먹으면 안 돼."

"어? 대만에서는 비둘기 먹지 않나?"

확실히 중국에서는 비둘기를 먹는다. 그래서 대만에서도 먹는다고 생각하고 도오루가 물었다.

"먹는 사람 있어. 그래도 나 먹지 않아."

"싫어해?"

"좋아해. 그래도 먹는 거 싫어."

"무슨 말이야?"

"새끼 비둘기 주웠어. 친구 됐어. 밥 같이, 목욕 같이, 같은 이불에서 잤어."

"뭐라고? 도대체 비둘기를 어디서 주은 거야?"

비둘기를 줍다니, 평범하지 않은 일이기도 하지만 비둘기가 주변에 흔히 있지도 않다.

"역. 비둘기 집에서 떨어졌다. 역무원이 집에 돌려보내지 못한다고 했어. 그래서 내가 데려왔어. 이름은 구구."

버려진 강아지나 길 잃은 고양이를 주웠다는 이야기는 들어 봤어도 비둘기를 주웠다는 이야기는 처음 들었다.

"새도 좋아해?"

"까마귀 새끼도 주웠어. 하지만 아빠, 엄마한테 다시 돌려보냈다."

'까마귀 새끼라……. 보통은 안 줍지 않나.'

"비둘기는 어떻게 했어?"

"구구, 다 컸어. 친구 찾아서 나갔어. 쓸쓸했다. 그래도 구구한테 친구 생겨서 다행이야."

샨린은 조금 쓸쓸하게 웃었다.

"너는 동물은 뭐든지 좋아하는구나."

"새, 피쉬, 쥐, 먀오, 이것저것 키웠어."

도오루는 지금까지 그런 줄 몰랐다. 고양이에게 애착이 강해서 고양이만 좋아한다고 생각했다.

"그래서 만나고 싶었어."

"누구를?"

"닥터 곤랏드 로렌츠. 내가 알았을 때 벌써 죽었다."

"곤랏드 로렌츠?"

"임프린팅, 아주 유명해."

"아아. 콘라트 로렌츠★.『솔로몬의 반지』쓴 사람이지?"

임프린팅은 '각인'이라는 뜻으로 새의 새끼가 알에서 부화했을 때, 처음 눈에 들어온 것을 부모라고 각인하는 것을 말한다. 이 행동을 발견한 사람이 로렌츠이다.

"킹 솔로몬 링"

샨린은 영어판을 읽었다. 도오루의 서재에 일본어판『솔로몬의 반지』가 분명히 어딘가에 꽂혀 있다.

"그런데, 로렌츠가 쓴 책, 제목 달라."

"그래?"

"응, 찾아봤어. 그런데 독일어 몰라. 일본어 까먹었다."

모국어, 영어, 게다가 서투르지만 말이 통하는 일본어를 구사하는 샨린도 독일어까지는 익히지 못했다.

"인터넷으로 찾아봐?"

"그래."

도오루는 서재에 가서 노트북을 열고 '솔로몬의 반지 로렌츠 원작'이라는 키워드로 검색해 보았다.

"아아, 있다. 프린터 전원 부탁해."

★ 1903~1989. 1973년에 노벨 생리학, 의학상을 수상했다.

"오케이."

샨린은 프린터에서 나온 종이를 집어 거실로 돌아온 도오루에게 건넸다.

"우와. 나도 못 읽겠어. 발음을 모르겠네. 그래도 일본어 번역이 나와 있어. '그는 짐승, 새, 물고기와 이야기했다'. 구약 성서에 나오는 말인가."

원작은 'Er redete mit dem Vieh, den Vögeln und den Fischen' 이라는 제목이다. 마지막 'Fischen'만 뭔가 물고기 같다고 알 것 같았다.

"초판은 의외로 오래됐어. 1949년이래. 로렌츠가 노벨상을 탄 게…… 1973년인가. 꽤 시간이 지나서구나. 계속 연구했네."

"로렌츠, 새하고 이야기했다. 개하고 이야기했다. 많은 애니멀. 나도 그렇게 되고 싶었어."

"대학에서 동물 행동학 공부했으면 좋았을 텐데."

"나, 고등학교만 갔어. 생물 공부하고 싶었다. 그런데 돈 없었어. 그리고 죽이는 거 싫어."

샨린은 창문으로 해질녘 하늘을 올려다보며 중얼거렸다.

"그런가."

'생물학을 전공하면 필수로 해부 수업을 받아야 하지. 동물 행동학을 전공해도 분명히 생물학 기초 수업에서는 해부

가 있을 거야. 돈 문제와 해부에 대한 저항감이 대학 진학을 단념하게 했구나.'

도오루도 해부를 아주 싫어하기 때문에 그 기분을 잘 안다. 생물 수업에서 해부를 하는 날에는 꾀병을 부려 학교를 쉴 정도였다.

로렌츠는 의사 자격을 가지고 있었지만 수의사는 아니다. 부친의 영향도 있었지만 동물을 매우 사랑하는 마음이 로렌츠를 노벨상 수상 학자로 이끈 것이다.

수의사가 아니라서 그랬는지는 모르지만 로렌츠는 동물의 행동을 관찰할 때 동물을 칼로 자르지 않았다. 작은 우리에 집어넣지도 않고 동물들과 함께 살면서 연구를 이어 온 사람이다. 딸이 동물 때문에 다치지 않게 하기 위해 딸을 우리에 넣었다는 이야기는 유명하다.

그런 노력이 더욱 로렌츠를 짐승과 새, 물고기와 이야기하게 만들었을 것이다. 솔로몬의 반지도 그에게는 필요 없었을 것이다. 참고로 솔로몬의 반지는 구약 성서에 나오는 솔로몬 왕이 가지고 있던 반지로 그 반지가 있으면 어떤 동물과도 이야기할 수 있었다는 물건이다.

"로렌츠한테 물어보고 싶었어. 여러 가지 다양한 동물. 사이좋게 지내는 방법 물어보고 싶었다."

안타깝게도 로렌츠는 1989년에 죽었다. 게다가 이야기를 하고 싶어도 말이 통하지 않았을 것이다. 오스트리아에 가는 것도 쉽지 않다.

"그래도 지금, 에오윈 있어. 그래서 괜찮아."

샤린은 에오윈이 사랑스러운지 회색 털을 쓰다듬었다. 에오윈은 기분 좋은 듯 눈을 감고 얼굴을 들었다. 만족스러운지 목을 울렸다.

"에오윈이 무슨 말 하는지 알면 좋을 텐데."

샤린은 조금 웃더니 말을 이었다.

"그러면 도루, 계속 불만만 이야기할 거야. 배고파, 화장실 더러워, 밖에 나가고 싶어. 그치?"

"그럴지도 모르겠네."

야옹~

에오윈이 대답이라도 하는 듯 한 번 울었다. 눈동자가 비취색으로 빛났다.

"어, 눈이."

"황금색, 청색, 믹스……."

어디선가 미지근한 바람이 불어왔다.

"지금까지로 봐서……."

"또 이상한 일 생겨?"

"아닌가?"

두 사람의 예상 혹은 염려대로 미지근한 바람이 두 사람을 감쌌고 소용돌이를 일으키며 주변은 어둠에 갇혔다.

"이번에는 어디로 갈까?"

"몰라!"

두 사람은 서로 꼭 안은 채 크게 외쳤다. 그리고 그 외침은
어둠 속으로 빨려 들어갔다.

두 사람은 무척이나 좁은 방에 들어가 앉아 있다. 눈앞에
는 사다리가 천장을 향해 놓여 있는데 천장은 경사져 있고
사다리 끝에는 천창이 있다.

작은 퇴창이 열려 있고 그 창을 통해 눈부신 햇살이 방 안
으로 쏟아졌다. 햇살이 가득찬 방에는 수많은 먼지와 깃털이
공중을 날아다니고 있었다.

"어디지? 이 방은 뭐야?"

"지붕 밑? 위에, 비스듬해."

"아, 지붕 밑 다락방인가."

도오루가 창문에 살짝 얼굴을 대고 내다보니 울타리에 둘
러싸인 반짝반짝 빛나는 연못이 보였다. 그 연못 주위 풀숲
에서 무엇인가가 굼실굼실 움직였다.

"뭐야 저건?"

"나 보고 싶어."

도오루는 샨린에게 창문을 양보했다. 샨린이 몸을 내밀고 창밖을 내려다봤다.

"너무 많이 내밀면 떨어져."

"노 프라블럼…… 아!"

"왜 그래?"

"있어! 있어!"

"누가?"

"닥터 로렌츠!"

"자리 좀 바꿔 봐."

"싫어."

"혼자서만 즐기지 말라고. 나도 보여 줘."

"그럼 반씩."

두 사람은 작은 창문에 달라붙어서 로렌츠의 얼굴을 엿봤다. 도오루는 눈을 집중해서 로렌츠의 모습을 찾았지만 아직 찾지 못했다.

"없잖아."

"저기. 물 있는 데. 풀숲에."

샨린이 일러 주는 방향을 보니 풀숲이 흔들리는 것이 보인다. 그렇게 생각하자마자 그 안에서 털북숭이 남자의 얼굴이 살짝 보이고, 그 남자는 뭔가 이상한 입 모양을 하면서 뒤쪽을 신경 쓰고 있다.

"털북숭이 아저씨밖에 안 보이는데……. 설마 저 아저씨가 로렌츠?"

"그럴 거야."

"뭔가 뒤가 신경 쓰이나 봐."

"아기 새. 분명해."

"음. 풀숲에 가려서 안 보여."

"도루."

"왜?"

"위, 안 갈래?"

"위에? 지붕에 올라가자고?"

"가고 싶어."

"떨어지면 어쩌려고."

"그럼, 나 혼자 간다."

샨린은 퇴창에서 얼굴을 빼더니 서둘러 사다리를 타기 시작했다.

"혼자서는 위험해. 나도 같이 갈게."

도오루도 허둥지둥 샨린의 뒤를 쫓았고, 둘이 힘을 합쳐 천창을 밀었다.

두 사람은 지붕에 올라가 굴뚝을 붙잡고 주위에 펼쳐진 광경을 바라보았다. 얼마나 아름다운 곳인가. 연못을 따라 흐르는 작은 강, 강을 둘러싼 푸르디푸른 풀숲, 상쾌한 바람에 흔들리는 초록이 무성한 나무들. 이런 곳에서 로렌츠는 다양한 동물과 함께 생활한 것이다.

"근사하다……. 좋은 곳이네……. 뷰티풀."

샨린이 햇살에 눈이 부셔 눈을 가늘게 뜨며 작게 소리 내어 말했다.

로렌츠의 집 주변은 관광지라고 알려져 있다. 도오루는 예전에 관광객들이 로렌츠가 기어 다니며 회색기러기 새끼를 데리고 산책하는 것을 재미있게 바라본다고 묘사되어 있는 책을 읽은 기억을 떠올렸다.

지붕 한쪽 끝에서 까마귀들이 부리로 날개를 다듬고 있었다. 이 까마귀들이 로렌츠의 친구, 갈까마귀이다.

어느새 에오윈도 사다리를 타고 올라와 금세 까마귀들을 포착하고는 몸을 낮추고 꼬리를 흔들기 시작했다. 까마귀를 잡기 위한 공격 자세였다.

"에오윈, 노, 노!"

"이 녀석, 안 된다니까!"

"노! 도루, 다리 잡아!"

까마귀들이 에오윈에게 잡히지도 않을 테고 지붕 끄트머리까지 전력으로 달리다가는 오히려 에오윈이 밑으로 떨어질 가능성이 크다. 두 사람이 날뛰는 에오윈을 필사적으로 붙잡아 도오루의 티셔츠 안에 집어넣고 지붕을 지나 겨우 다락방으로 돌아왔다.

"진짜 방심할 틈이 없다니까……."

"에오윈, 새 먹으면 안 돼."

에오윈은 꽤 불만스러운 기색으로 헝클어진 털을 골랐다.

"그나저나, 이제 어떻게 해야 하나?"

"어떻게라니?"

"내가 알기로 로렌츠는 결혼을 했어. 아마 아래층에는 부인이 있겠지. 안 들키고 밖으로 나가기 힘들지 않을까?"

"이야기, 못 해?"

"근데 어차피 독일어 모르잖아? 나도 몰라."

"……."

그때 부스럭 소리가 들려서 두 사람은 펄쩍 뛰어오를 만큼 놀랐다. 누군가 올라오나? 이 방에는 몸을 숨길 장소가 없다.

"뭐야, 에오윈이야."

"놀랐어……."

에오윈이 다락방 구석에서 잡동사니를 뒤지고 있었다.

"이상한 짓 하지 마."

"에오윈, 컴온!"

에오윈은 발톱으로 할퀴고 입으로 물어 잡아당기면서 뭔가 까맣게 보이는 물건을 잡동사니 안쪽에서 잡아 빼내고 있었다.

"안 된다니까! 무너져."

작은 소쿠리, 상자, 책들이 에오원이 잡아당기는 동작에 맞춰 까딱까딱 흔들렸다. 지금 당장이라도 이쪽으로 무너져 내릴 기세였다.

"에오원, 노! 스톱! 스톱!"

에오원은 샨린의 말은 들리지도 않는지 목표물을 잡아당기는 일에만 정신을 집중했다. 마침내 우당탕탕! 소리를 내며 잡동사니 더미가 무너졌고, 에오원은 수확물을 입에 물고 재빨리 뒤로 휙 물러섰다.

아래층에서 누군가의 목소리가 들렸다. 분명 눈치를 챈 것이다.

"에오원, 뭐 하는 거야!"

"어쩌지, 도루? 누가 와."

자박자박 계단을 올라오는 발소리가 들렸다. 에오원은 노력 끝에 얻은 물건을 물고 두 사람 쪽으로 힘차게 달리기 시작했다. 그와 동시에 끼익 문고리 돌리는 소리가 지붕 밑 다락방에 울려 퍼졌다.

"아아!"

"숨을 곳, 없어!"

천천히 문이 열렸다. 바로 그때 에오원이 두 사람의 발 근처에 도착했다. 알아듣지 못하는 여성의 목소리를 어렴풋이 뒤로한 채, 두 사람과 한 마리는 바람의 소용돌이와 어둠에 휩싸여 지붕 밑 다락방에서 옮겨졌다.

두 사람은 도오루의 집으로 돌아와 기진맥진해서 털썩 주저앉아 있었다. 그야말로 위기일발이었다. 들켜서 경찰이라도 불렀다면 변명조차 하지 못했으리라.

그 위기일발의 상황을 만들어 낸 장본인인 에오윈은 입에 물고 있던 전리품을 털썩 바닥에 떨어뜨리더니 아무 일도 없었다는 듯 고양이 화장실에서 사박사박 소리를 내고 있다.

"저 녀석, 우리들을 위기 상황에 몰아넣고는 자기는 무사태평 화장실이나 가고 말이야."

"그래도 안 들켰어."

"안 들켰으니 망정이지 조금만 늦었어도 우리는 감옥행이었어."

"감옥?"

"폴리스한테 잡혀간다고. 우리 불법 침입한 거잖아. 멋대로 다른 사람 집에 들어갔으니까."

"그래도 에오윈 타이밍 맞췄어."

두 사람은 일어설 기력도 없어 그대로 바닥에 드러누웠다.
도오루의 손끝에 에오윈이 가져온 물건이 만져졌다.

　"저 녀석, 대체 뭘 잡아당긴 거야?"

　막대기에 천이 감겨 있었다. 도오루는 누워서 막대기를 펼
쳐 보았다. 천의 바탕은 검은색과 노란색으로 나뉘어 있고
생각보다 크다.

　"이건 대체 뭐야?"

　"오! 잇츠 시저스 플래그!"

　"응? 뭐라고? 무슨 깃발?"

　"시저! 새끼 까마귀, 길 잃었어. 로렌츠 길 잃은 까마귀 도
와주려고 로트겔브한테 부탁했다."

　"로트겔브가 누군데?"

　"새끼들, 엄마 대신 돌봐 줘."

　"엄마 대신?"

　"로트겔브가 다른 까마귀들 알, 따뜻하게 해. 새끼 태어나
면 로트겔브를 진짜 엄마, 그렇게 생각해."

　"아아, 그렇구나."

　다른 까마귀의 알을 부화시키는 로트겔브는 새끼들의 대
리모라는 것이다.

　"로렌츠 플래그 흔들었다. 로트겔브 놀라게 해. 그러면 로
트겔브 하늘로 가. 로렌츠 플래그 더 흔들어. 로트겔브 더 높

이 날아갔어. 길 잃은 아기 새들 로트겔브 보고 찾아서 돌아
왔어!"

"그런 이야기가 있었나?"

도오루는 비틀비틀 일어서서 무거운 책장 슬라이드를 이
리저리 움직이며 겨우 『솔로몬의 반지』를 찾아 거실로 돌아
왔다.

"까마귀에 대해 적혀 있어. 로렌츠의 소중한 친구."

목차를 확인하고 제5장 「영원히 변하지 않는 벗」이라는 페
이지를 펼쳤다. 한 장 한 장 천천히 책장을 넘겼다. 로렌츠
본인이 그린 독특한 일러스트를 보면서 본문을 아주 빨리 읽
어 내려갔다.

"있다! 이거구나!"

"읽어 줘."

샨린은 일본어로 말은 할 수 있지만 거의 읽지는 못한다.

"이거 말하는 거지? 읽어 볼게. '나는 지붕 밑 다락방으로
되돌아가서, 다시 기어갔다. 지금은 폐위한 프란츠 요제프
황제의 생일만 되면 아버지가 집에 걸어 놓던 검은색과 노란
색의 거대한 군기를 옆구리에 끼고 지붕으로 기어 올라갔다.
지붕 꼭대기의 피뢰침 옆에 서서 이 엄청난 시대착오적인 깃
발을 자포자기의 심정으로 휘둘렀다. 그래서 어떻게 할 생각
이었나? 나는 이 깃발로 로트겔브를 놀래켜 하늘 높이 쫓으

려고 했다. 그러면 숲속에 있는 어린 새들이 공중에서 날아다니는 로트겔브를 발견하고 지저귈 테고 로트겔브가 그것을 알아차려 길 잃은 새끼들을 집으로 데려올지도 모른다.' 그렇구나."

그 페이지에는 아슬아슬하게 지붕 위에 서서 필사적으로 깃발을 흔드는 로렌츠의 일러스트가 실려 있었다.
"있잖아, 이거 가져왔어. 로렌츠 곤란하지 않아?"
로렌츠는 이 깃발이 없으면 까마귀 새끼들이 미아가 되었을 때 로트겔브를 놀라게 해 새끼들을 데려오게 하지 못할지도 모른다.
"아니야, 그건 괜찮을 거야."
"왜?"
"만약 깃발이 없어서 길 잃은 새끼들을 못 도와줬으면 이 책에 쓰여 있지 않았을 거야. 여기에 기록됐다는 건 그 사건 후였다는 의미일 거야."
"오, 다행이다."
"근데 말이야."
"왜?"
"나 일어나서 아직 아무것도 못 먹었어. 진짜 배고파……."
"도루, 쏘리! 정말 헝그리하구나."

"뭐 먹으러 가자."

"오케이."

도오루는 프란츠 요제프 군기를 돌돌 말아서 서재 구석에 세워 놓았다. 또 훔친 물건이 늘어나 버렸다. 뭐 그렇다고 도오루가 일부러 훔치러 간 것은 아니지만 말이다.

"이탈리아 요리 먹으러 갈까?"

"좋아."

근처 이탈리아 식당에서 도오루는 최상급 비프 그릴과 맥주, 샤린은 시저 샐러드와 알코올이 들어가지 않은 칵테일을 주문했다. 그리고 전채요리 2인분이 테이블 위에 있다. 이 식당은 잘 알려지지 않은 골목길에 있지만 음식이 맛있어서 언제나 사람이 붐빈다.

오늘은 마침 가장 구석진 자리에 안내를 받아서 둘은 몸을 딱 붙이고 식사했다.

"그런데 주웠다는 비둘기 구구는 눈도 못 떴는데 떨어져 있었어?"

"구구? 노. 깃털 나 있었어."

"뭐? 잠깐만. 임프린팅은 새끼가 눈을 떠서 제일 처음 본

걸 엄마라고 생각하는 거잖아?"

"예스."

"근데 구구는 눈도 뜨고 있었고, 깃털까지 났는데 어째서 너를 따른 거야? 겁먹거나 하지 않았어?"

"주웠을 때 구구 떨고 있었어. 추운 날이었어. 집에 데려가니까 나한테서 떨어지지 않아."

"각인도 아닌데 너를 부모라고 생각했다는 거야?"

"음……. 나 구구의 진짜 마음, 몰라. 분명히 외로웠다. 추웠다. 그러니까 목욕했어. 이불 덮어 줬어."

"그거야 그렇지만, 보통 새는 진짜 어릴 때부터 키우지 않으면 그렇게 잘 따르지 않는데 신기하네."

"구구 부르면 왔어. 내 어깨 앉았다. 산책 갔어. 날갯짓 연습 진짜 많이 했어. 언젠가 친구랑 같이 날게 하려고."

"그랬구나……."

샨린의 따뜻한 마음이 비둘기 구구에게 전해졌을 것이다. 그래서 그렇게 마음이 잘 통하게 되었을 것이라고 도오루는 생각했다.

"그럼 샨린도 로렌츠하고 똑같네. 솔로몬의 반지 같은 거 없어도 다른 동물하고 이야기할 수 있어."

"그거, 좋다."

샨린이 생긋 웃었다. 상냥하고 멋진 미소였다. 그 미소와 작은 생명체를 사랑하는 마음에 도오루는 다시금 반했다.

그렇지만 슈뢰 고양이 에오윈은 어째서 둘이 대화하는 내용과 딱 맞는 장소에 데려가는 걸까?

어떻게 이야기를 듣고 이해하는지, 어떻게 과거로 데려가는지, 그 수수께끼는 여전히 미궁에 빠져 있다.

그러니 두 사람과 한 마리 고양이의 뒤죽박죽 모험이 아직도 많이 기다리고 있다는 것 또한 물론 눈치 채지 못했다.

4
갈릴레오의 손가락
신의 장난

"성서는 어떻게 해야 천국에 갈 수 있는지 가르쳐 주지만,
천국이 어떻게 움직이는지는 가르쳐 주지 않는다."
(종교와 과학의 관계에 대해)
– 갈릴레오 갈릴레이(Galileo Galilei)

도오루는 오랜만에 다케시〔健史〕와 영화를 보고 저녁을 먹었다. 샨린도 보고 싶어했지만 텔레비전 애니메이션 시리즈를 영화로 만든 작품이라 샨린이 봐도 내용을 이해하지 못했을 것이다. 그래서 이번에는 같이 가지 않기로 했다.

　"도루, 나 영화 데려가 주지 않아. 다른 사람, 같이 가."

　샨린이 뾰로통해졌지만 어쩔 수 없다. 다음에 꼭 같이 가기로 약속하고 나왔다.

　'게다가 셋이서 가면 분위기가 좀 미묘해지고 말이지.'

　다케시는 도오루가 예전에 학원에서 시간 강사 아르바이트를 할 때 가르친 학생이었다. 지금은 이미 사회인이 돼 열심히 일하고 있다. 샨린이 도오루의 눈앞에 나타나기 전까지는 자주 만났지만 최근에는 도오루가 샨린하고 지내는 시간이 많아서 다케시와 만나는 일이 적어졌기 때문에 다케시는 친구를 빼앗겼다고 생각했다.

다케시에게도 여자 친구가 있으면 더블데이트라도 하겠지만 안타깝게도 불가능하다. 다케시는 도오루만큼 컴퓨터를 좋아하는데 스스로 조립을 할 정도의 마니아이다. 그뿐 아니라 기계 종류에는 다 관심을 가지는데 특히 자동차나 비행기, 밀리터리 종류는 오타쿠의 경지에 이르렀다. 본인은 부정하고 있지만 말이다.

그럼에도 불구하고 자동차 면허는커녕, 오토바이도 타지못하는 조금은 특이한 인물이다. 사실 그런 다케시와 이야기가 통하는 여성을 만나기는 웬만해서 어려울 것이다.

"샨린 씨랑은 어때요?"

다케시가 햄버거를 입 안 가득 물고 도오루에게 물었다.

"어떠냐니……. 그냥 잘 사귀고 있지 뭐."

"같이 살 생각은 없어요?"

"그러고 싶은데 샨린이 대답을 안 해."

"그럼 조만간 대만으로 돌아갈 거 같아요?"

"그건 아닐걸."

"근데 왜 같이 살지 않으려고 할까요?"

"음……."

이유는 이것저것 있지만 설명하기도 복잡하다.

"딴 남자 있는 거 아니에요?"

다케시는 도오루의 불안을 정확하게 집어 단번에 말해 버렸다. 다케시와 샨린은 딱 한 번 만난 적이 있는데 샨린이 낯을 가리기 때문에 조금 많이 쭈뼛거렸다. 그래서 다케시는 샨린에게 별로 좋은 인상을 가지지 못했다.

"그런 건 아닐 거야."

"그럼 왜 같이 살지 않으려고 할까요?"

다케시가 같은 질문을 되풀이했다.

"그게 말이지, 만약 지금 사는 아파트를 비우고 내 집에 오면 나중에 무슨 일이 생겨도 갈 곳이 없어져서 그런 거래."

"무슨 일이라니요?"

"싸울 수도 있고, 헤어질 수도 있고."

"그럼 조만간 헤어질 생각일까요?"

"그건 아니겠지. 만에 하나라는 얘기야."

다케시는 도오루보다도 여자의 심리를 헤아리지 못한다. 게다가 부모님과 함께 살고 있으니 돌아갈 곳이 없다는 의미도 잘 이해되지 않을 것이다.

"그럴까요."

"뭐, 이래저래 그런 게 있는 거야."

"그래도 형은 헤어질 생각이 없죠?"

"없지."

가능하다면 결혼해서 평생 같이 살고 싶다.

"그런데 왜 그럴까요? 샨린 씨도 형 좋아하는 거 맞죠?"

다케시는 납득이 안 되는 모양이다.

"맞지. 그래도 외국에 살면서 주변에 의지할 지인도 없으니까 혼자만의 장소를 확보하고 싶은 게 아닐까."

"그럴까요."

다케시가 또다시 같은 말을 반복했다.

'샨린이 낯을 조금만 덜 가려도 좋을 텐데.'

샨린이 서글서글하게 허물없이 사람들과 잘 어울리는 성격이었다면 다케시와 샨린도 지금보다는 사이가 좋지 않을까 도오루는 생각했다. 일본어를 술술 말하기 어려운 샨린이 모르는 사람과 신뢰 관계를 만드는 데는 생각보다 많은 시간이 걸릴 것이다.

도오루는 나이 어린 친구와 애인 사이에 끼여 고민하고 있었다.

식사를 끝내고 맨션에 돌아오니, 샨린은 소파 위에서 무릎

을 껴안고 텔레비전을 보고 있다.

"다녀왔어."

"어서 와……."

"뭐 먹었어?"

"차, 마셨어."

"배고프겠네."

"괜찮아. 살쪄."

진짜로 토라졌나 보다.

"쓸쓸했어?"

도오루는 샨린 옆에 앉아 머리를 쓰다듬으며 물었다. 샨린
은 대답 없이 고개를 끄덕일 뿐이었다.

"미안해. 다음에 둘이서 보러 가자."

"그러든지."

샨린은 도오루의 생각보다 잔뜩 심술이 나 있다.

"집에 갈 걸 그랬어."

기껏 왔는데 도오루가 외출을 해서 샨린은 뭔가 버려진 기
분이 들었던 모양이다.

"그런 말 하지 마. 응? 내일은 하루 종일 같이 있자."

"아무 데도 안 가?"

"안 가. 아니면 우리 쇼핑이라도 하러 갈까."

"좋아. 같이 쇼핑하러 가자."

샨린은 도오루의 팔에 얼굴을 묻으며 말했다. 혼자서 이 집에 있는 것이 어지간히 쓸쓸했던 모양이다.

'이래서야 당분간 같이 사는 건 무리겠지.'

도오루가 외출할 때마다 이러면 곧 싸움이 되는 것은 불 보듯 뻔한 일이다. 도오루는 샨린의 머리를 쓰다듬으면서 어떻게 해야 좋을지 생각하고 또 생각하다 지쳐 가고 있었다.

"저 사람 얼굴 나빠."

갑자기 샨린이 이상한 말을 했다.

"뭐?"

"저 사람, 무서운 얼굴."

텔레비전을 보면서 한 말인가 보다. 시선을 텔레비전으로 옮기니 로마 교황 베네딕토 16세가 나오고 있었다. 확실히 거짓말을 보태도 인상이 좋다고는 말하기 어렵다.

"아, 저 사람. 인상이 안 좋긴 하지. 어쨌든 이단 심문관이었으니까."

"이단 심문관?"

"기독교 중에서 가톨릭의 교의를, 교의는 하느님의 가르침인데, 그걸 제대로 지키지 않는 사람이나 그 가르침과 다른 행동을 하는 사람을 혼내는 역할을 하는 사람이야. 옛날에는 몇 명이고 화형에 처했을 거야."

"화형? 역시 무서운 사람. 에오윈, 컴온."

캣 타워 위에서 크게 기지개를 켜고 척척 내려온 에오윈에게 샨린이 말을 걸었다. 에오윈은 자기를 불러 주자 기쁜 듯 꼬리를 세우고 샨린의 무릎 위에 자리를 잡았고 샨린은 회색 털을 끌어안았다.

"지금이야 그런 형벌은 없지만."

"로마 교황, 훌륭한 사람 아니야?"

"가톨릭 신자 중에서 제일 대단한 사람이지."

"근데 무서운 사람이 대단한 사람 됐어? 왜?"

"그 전의 교황이 죽었으니까."

교황이 죽으면 바티칸에서는 추기경들이 모여서 오래도록 다음 교황을 정하는 회의를 행한다. 회의하는 상황은 외부에서 볼 수 없지만 각국의 보도진과 신자들이 바티칸에 모여 교황이 결정되는 순간을 보기 위해 만반의 준비를 하고 기다린다.

이 의식은 콘클라베라고 불리는데 당시 일본 수상이 썰렁한 농담에 이용할 정도로 유명했다.

"전에는 좋은 사람이었어?"

"요한 바오로 2세*는 인상이 좋았어. 좋은 일도 많이 했고."

"좋은 일?"

★ 1920~2005. 제264대 로마 교황. 역사상 최초의 슬라브계 교황으로 국제적으로 활약했다.

요한 바오로 2세는 재위 기간 동안 전 세계 곳곳을 분주하게 돌아다녔다. 분쟁 지역을 방문하고, 이슬람교와의 대화를 모색했으며, 과학에 대해서도 너그러운 생각을 가지고 있었다.

　"전 세계를 평화롭게 만들기 위해 열심히 일했지. 그리고 갈릴레오*를 용서했어. 이건 진짜 대단한 일이라고 생각해."

　"갈릴레오를 용서해?"

　"갈릴레오는 성서와 다른 말을 했다는 죄로 삼백 년 이상 가톨릭교회에서 나쁜 사람 취급을 당했어."

　"성서하고 다른 말?"

　"갈릴레오가 살던 시대에는 지구가 세계의 중심이고 태양이나 다른 행성이 그 주위에서 움직인다고 믿었어. 그런데 갈릴레오가 하늘을 관찰해서 태양이 지구 주위를 도는 것이 아니라 지구가 태양 주위를 돌고 있다고 한 거야. 하지만 그건 하느님의 말씀과 다르니까 재판을 받게 됐고 유죄를 선고받았어."

　성서에 따르면 지구가 중심이다. 그래서 지구가 태양 주위를 돈다는 갈릴레오의 주장은 신에게 반하는 행위로 여겨져 쭉 죄인 취급을 받아야 했다. 요한 바오로 2세 때에야 겨우

★ 1564~1642. 이탈리아의 과학자. 태양의 흑점, 목성의 위성, 역학 등 폭넓은 연구를 행했다.

갈릴레오의 주장은 가톨릭교회에서 인정받았고, 갈릴레오는 죄에서 벗어났다. 요한 바오로 2세가 인정했다고 하는 편이 옳을지도 모른다.

"옛날 사람 이상하네. 지구는 태양 주위 돌아."

"어쩔 수 없어. 사람들이 모두 하늘을 보고 그 사실을 깨달을 만큼 똑똑하지는 않았으니까. 갈릴레오가 너무 똑똑했던 거야. 그래서 누구에게도 인정받지 못하고 용서받지도 못한 거지."

정확히 말하면 누구에게도 인정받지 못한 것은 아니다. 요하네스 케플러 같은 천문학자는 갈릴레오의 주장이 옳다고 생각했을 것이다.

"갈릴레오 죽어도 용서하지 않았어?"

"응. 요한 바오로 2세가 용서한다고 말하기 전까지."

"갈릴레오, 불쌍해."

"그래도 이제는 용서받았잖아."

"그래도 갈릴레오, 그거 몰라."

"그야 뭐 죽었으니까 모르긴 하겠네. 하느님이 가르쳐 주면 이야기가 달라지지만."

아마도 신은 다른 일 때문에도 정신없이 바빠서 그런 일까지 신경 써 줄지는 잘 모르겠다.

"하느님, 가르쳐 주지 않는 거야?"

"내가 하느님이 아니니까 모르지."

"그럼, 모를지도 모르겠다."

"그럴지도 모르겠네."

"불쌍해. 가르쳐 주고 싶어."

"가르쳐 줘? 갈릴레오의 무덤에 가서, 당신의 주장을 가톨릭교회도 인정했어요, 이렇게 보고라도 하려고? 갈릴레오는 옛날 옛적에 해골이 됐어."

"그래도 불쌍하잖아."

집에서 혼자 오랫동안 있어서 그런지 샨린은 아무래도 감상적이 된 것 같았다.

도오루도 물론 샨린의 말처럼 바른 소리를 주장하고도 인정받지 못한 채 죽은 갈릴레오가 가엾다고 생각한다. 지금은 그 주장이 확실히 인정받았다는 사실을 본인이 안다면 오죽이나 기쁠까.

하지만 죽은 사람에게 이야기를 전하는 일은 무리한 정도가 아니라 불가능하다.

"갈릴레오, 나쁜 짓 하지 않았다. 그런데 나쁜 사람이라고 듣고 죽었어. 그런 거 나빠. 그렇지, 에오윈."

에오윈이 샨린의 얼굴을 올려다보며 야옹 하고 울었다. 그리고 눈이 순식간에 비취색으로 빛나기 시작했다.

"에오윈, 데려다 주는 거야?"

"뭐라고?"

"에오윈의 눈, 양쪽 다 그린!"

환하게 켜져 있던 방의 빛이 팍하고 꺼졌다. 미지근한 바람이 두 사람 주위를 돌기 시작했다.

"가서 어쩔 건데! 나 이탈리아어 몰라."

"나도!"

"그럼 가도 못 가르쳐 주잖아!"

도오루의 외침은 바람과 함께 어둠에 빨려 들어 아련한 여운을 남기고 사라져 갔다.

두 사람은 어두운 복도에 서 있었다. 마루가 삐걱삐걱 소리를 냈다. 눈앞에는 나무 문이 있고 문틈으로 희미한 불빛이 복도로 새어 나왔다.

"진짜로 왔나."

"모르겠어."

잠시 동안 문 앞에 꼼짝도 하지 않고 서 있었지만 언제까지 그곳에 있을 수는 없다. 도오루는 문고리를 잡고 살짝 당겼다. 끼익 하고 귀에 거슬리는 소리가 복도에 울려 퍼졌다.

"누구냐? 노크도 하지 않고."

양초 불빛이 어렴풋이 방을 비추고 있다. 초가 켜진 책상 앞에 한 노인이 앉아서 등을 굽히고 무엇인가를 쓰고 있다.

"지금, 일본 말?"

"그렇게 들렸는데……."

두 사람이 속삭였다. 에오윈은 벌써 노인의 발밑에 오도카니 앉아서 이쪽을 보고 있다.

"뭐냐? 용무가 있으면 어서 말하거라. 나는 바쁘다."

노인은 등을 돌린 채 무뚝뚝하게 말했다.

"도루, 말해."

"내가 말해?"

"나, 몰라."

갑자기 모든 것을 위임받은 도오루는 무엇을 어떻게 말해야 좋을지 정리도 못 하고 일단 노인에게 말을 꺼냈다.

"저기…… 갈릴레오 갈릴레이 씨인가요?"

스스로도 얼빠진 질문이라고 생각했다.

"그렇소."

"저, 저기 말이죠, 전할 말이 있어서 왔습니다."

"무엇을?"

어떻게 설명해야 하나. 21세기에서 왔습니다, 라고 말해도 쉽사리 믿어 주지 않을 것이다. 하지만 그 외에는 방법이 없다.

"저, 여기는 알체토리인가요?"

갈릴레오는 가톨릭교회 재판 후에 이리저리 옮겨 다니다가 만년에는 피렌체 교외에 있는 알체토리 별장에서 자식들과 함께 살았다. 가벼운 연금 상태로 피렌체 중심가에 가는 것은 금지되었다.

"그렇소만."

그렇다면 지금은 아마 1630년대 전반이리라.

"믿지 않으시리라 생각하지만……."

"무언지 모르겠소만 용무가 있다면 빨리 말하지 않겠소?"

"죄, 죄송합니다. 결론부터 말하겠습니다. 지금부터 350년 정도 뒤인 1992년에 가톨릭교회는 당신의 주장을 인정했고 죄는 없어졌습니다."

"뭐라고? 무슨 소린지 모르겠소만."

너무 줄였나.

"음, 그러니까."

"갈릴레오 씨."

갑자기 샨린이 끼어들어서 말했다. 무슨 말을 하려는 건지 짐작이 가지 않았다.

"우리들은 21세기에서 왔습니다. 요한 바오로 2세라는 사람이 당신 틀리지 않았다, 말했습니다. 그래서 죄 없어졌습니다."

"21세기라고 했는가?"

드디어 노인이 이쪽을 돌아보았다. 눈을 가늘게 뜨고 있다. 눈이 상당히 나빠졌을 것이다.

"흔치 않은 모습이군. 어디서 왔는가?"

"그러니까, 21세기에서 왔습니다."

"어떻게 말인가?"

"음……."

고양이가 데려다 줬다고는 입이 찢어져도 말 못 한다.

"과학 기술을 이용해서."

"증거는 있는가?"

"증거 말입니까?"

"과학이라 하면 증거가 없어서는 안 되지. 과학을 구사해서 왔다면 그 증거를 보여 주게."

"그렇게 말씀하셔도……."

"나를 속이려 드는 겐가?"

"아니요, 아닙니다. 설마요. 단지 지구가 태양 주위를 돈다고 한 당신의 주장을 가톨릭교회에서 인정했다는 말을 전하고 싶었습니다."

도오루는 필사적으로 자신의 의도를 전하려 했으나, 갈릴레오는 의혹의 눈초리로 보고 있다.

"저 바보들이 그렇게 간단히 인정할 리가."

"그러니까 350년이나 걸렸습니다."

"이보게."

"네."

"나는 무엇이든 머리로 부정하려 하지는 않네. 그건 과학적이지 않기 때문이지. 그렇지만 말일세."

"네."

"증거가 없으면 믿지 못하지."

"물론 그렇죠. 맞습니다."

그야 그렇지만 증거를 내놓으라고 해도 빈손으로 왔으니 어쩔 도리가 없다.

"증거를 보이면 내 믿겠소. 뭐든지 좋소. 그렇다면 내가 만든 것이 당신들이 온 시대에 남겨져 있는가?"

"네. 제가 알기로도 망원경과 같은 유물들이 박물관에 보존돼 있습니다."

"그렇다면 그걸 가져오게. 그것이 삼백 년 정도 낡았다면 내 자네들의 이야기를 믿도록 하지. 단 위조품을 가져오면 금방 알 수 있소. 내가 만든 건 한눈에 알아볼 테니."

"가져오면, 믿어요?"

"믿고말고. 그런데 자네들은 어느 나라 사람인가? 차이니즈인가?"

"아니요."

"노!"

샨린이 강력하게 부정하는 바람에 도오루는 깜짝 놀랐다.

"왜 그래, 샨린?"

"나, 차이니즈 아니야. 중국, 대만 달라."

여기서 갑자기 국제 문제를 들고 나오면 도오루는 그저 곤란할 뿐이었다. 그런 문제는 우선 크게 뭉뚱그려 가는 편이 좋다.

"아시아에서 왔습니다."

"그렇군. 아시아인의 생김새는 그러한가. 허나 옷이 참 묘하네."

"이게 21세기 아시아의 옷입니다."

"흠. 어찌 되었든 증거를 보이게. 그리하면 제대로 이야기를 듣도록 하지."

"아, 알겠습니다. 가자 샨린. 에오원, 이쪽으로 와!"

에오원은 종종걸음으로 걸어서 샨린의 발 근처에 왔다.

"다시 찾아뵙겠습니다."

다시 찾아뵐지 어쩔지는 일단 접어 두고 인사를 한 뒤 도오루와 샨린, 에오원이 문 밖으로 나왔다.

문을 닫고 두 사람과 한 마리는 다시 어두운 복도로 돌아왔다.

"어쩌지."

"증거, 가져와."

"어떻게."

"박물관 가자."

"이탈리아야. 가서 어쩔 건데. 박물관에 찾아가서 잠시 빌려 주실래요, 그럴 거야?"

"안 돼?"

"절대 무리하다고 생각해."

그때 복도 안쪽에서 미지근한 바람이 불어왔다.

"아, 바람이다!"

"집에 돌아가?"

"아닌가?"

"몰라!"

짧은 외침과 함께 두 사람은 바람에 이끌려 어둠 속으로 빨려 들어갔다.

"역시 집인가……."

정신이 들었을 때 도오루와 샨린은 도오루의 집에 돌아와 있었다.

"그대로 이탈리아에 갔으면 상황이 더 좋았을 텐데."

"이탈리아? 왜?"

"갈릴레오가 만든 유품은 분명히 피렌체 어딘가에 모아져 있거든. 잠깐만, 찾아볼게."

도오루는 서재에 가서 노트북을 열어 검색했다. '갈릴레오 망원경' 정도면 쉽게 찾을 수 있을 것이다.

얼마간 찾아보니 갈릴레오가 만든 것들은 모두 피렌체에 있는 과학사 박물관에 있다는 것을 알았다. 박물관이라지만 옛날부터 있던 건물을 사용하기 때문에 외관은 많이 허술한 모양새이다.

"찾았어?"

샨린이 서재에 들어왔다.

"응. 역시 피렌체 박물관에 이것저것 있나 봐. 에오윈이 그대로 이탈리아에 데려다 줬으면 금방 손에 넣었을지도 모르는데."

"그래도 도루 말했다. 빌려 달라고 해도 빌려 주지 않아."

"그러고 보니 그렇네."

그것이 문제이다. 소장품이 있는 장소를 알아도 어떻게 빌리느냐가 문제이다. 연구자도 아닌 사람이 빌려 달라고 해도 허가해 줄 리가 없다. 갈릴레오에게 보여 주려 한다고 말해도 미쳤다고 오해받을 게 뻔하다.

"근데."

"응."

"우리들이 그 이상한 바람을 타고 어딘가에 갔다가 다시 돌아오잖아? 그 시간이 얼마나 걸릴까?"

"시간?"

"응."

"음······. 나 아까 아홉시 뉴스 봤어. 도루 조금 지나서 돌아왔다. 그리고 무서운 사람 보고, 이야기하고······."

시계를 보니 오후 아홉시 사십오분. 베네딕토 16세 이야기를 시작으로 요한 바오로 2세까지 길어야 삼십 분 정도 지났으리라. 그러면 시간이 거의 경과하지 않았다는 이야기가 된다. 저쪽에서 갈릴레오와 아마도 이십 분에서 삼십 분 정도 대화를 나눴을 것이다. 즉, 그 시간이 어딘가로 날아가 버렸다는 결론이 나온다.

"그렇다면."

"그렇다면?"

"갈릴레오가 만든 걸 잠시라도 좋으니까 손에 잡으면 되는 거야. 그 순간 에오윈이 갈릴레오가 있는 곳으로 우리를 데려가면 갈릴레오에게 증거를 보여 주고 돌아와도 시간은 거의 지나지 않을 거야. 순간, 정말 한순간이면 되는 거지."

"진짜?"

"아마도……."

자신은 없지만 계산상 그렇다.

"그렇지만 갈릴레오가 만든 물건, 귀중하지."

"귀중하지."

"그럼, 분명히 만지지 못해. 유리 있어. 열쇠 잠겨 있어."

"으음……."

분명히 대놓고 그대로 박물관에 전시되어 있지는 않을 것이다. 유리 케이스든 어딘가에 들어 있을 가능성이 높다. 그림이라면 벽에 걸려 있을지도 모르지만 물건이라면 손쉽게 만질 수 있게 진열되어 있을 리 없다.

"어쩔 수 없네."

도오루가 결심했다.

"뭐가?"

"잠시만, 진짜 잠시만 아무 말도 하지 말고 빌리자."

"……훔치는 거야?"

"말없이 빌리는 거야. 정말 잠시만. 그 방법밖에 없어."

"어떻게 할 건데?"

"피렌체 과학사 박물관에 밤에 몰래 들어가는 거야. 그리고 잠시 빌리는 거지."

"그래도 크라임이야. 그거."

"그렇긴 하지만 갈릴레오한테 이제 죄가 없다고 말해 주고 싫잖아? 그런데 갈릴레오는 증거가 없으면 믿지 않아. 그러면 이 방법밖에 없잖아."

"어떻게 가는데."

"에오윈이 데려다 주지 않을까? 지금까지도 그랬잖아. 우리들이 뭔가 이야기하면 에오윈 눈 색깔이 바뀌고 우리들이 이야기하던 거랑 관계있는 장소로 데려가 줬잖아."

"응."

"시험해 보자."

"시험해?"

도오루는 프린터의 전원을 켜고 피렌체의 과학사 박물관 근처 지도를 출력해 바닥에 두었다. 그리고 거실에서 배를 깔고 누워 있던 에오윈을 안아 들고 서재로 데려와 지도를 가리키며 말을 걸었다.

"에오윈 여기. 우리들 여기로 데려다 줘."

샨린도 마른침을 삼키며 기다렸다.

에오윈은 종이 냄새를 킁킁 맡더니 흥미 없다는 듯 홱 얼굴을 돌리고는 종종걸음으로 돌아가 버렸다.

"어, 이런?"

"안 되잖아."

"도라에몽의 '어디로든 문' 처럼은 안 되는 거야?"

아마도 알지 못하는 어떤 이유에서 에오윈이 데려갈지 말지를 결정하는 모양이다. 어쩌면 시간을 넘나들면서 장소를 이동할 수는 있지만 같은 시간대에서 장소만 이동할 수는 없는지도 모른다.

"역시 거기에 직접 가서 몰래 들어가는 방법뿐인가……."

"피렌체? 박물관?"

"응. 그리고 에오윈도 데려가야 해. 갈릴레오한테 가려면 에오윈이 없으면 안 되잖아."

"그래도 애완동물 외국에 데려가려면 시간 걸려. 돌아올 때 시간 걸려."

"아, 동물 검역이 있지. 곤란하네. 적어도 몇십 일 걸리잖아. 아, 잠깐만. 지금 찾아볼게. 헉, 180일이래."

"180일?"

"갈 때는 몇십 일이면 되는데 이탈리아에 입국하고 나서 출국할 때 검역에 시간이 무지 많이 걸려. 반년이래. 이렇게 오래 걸리면 곤란해."

광견병 따위가 근절되지 않은 나라에서 나올 때, 애완동물은 검역 때문에 장기간 발이 묶여 있다.

"어쩔 수 없네. 몰래 데려가야지."

"몰래?"

"샨린, 임신한 척해."

"뭐?"

"배에 아기가 있는 척 연기를 하는 거야. 애완견 배낭 있잖아. 그 안에 에오윈을 넣고 앞으로 매는 거야. 그리고 큰 옷을 입고 게이트를 통과하면 되잖아."

"밥이랑 화장실 어떻게 해. 이탈리아 멀어."

"비행기 화장실에서 해결해야지."

"울면 어떻게?"

"네가 울었다고 하면 되지."

"뭐어……."

그런 방법으로 열 몇 시간의 비행을 견뎌 낼 수 있을까? 그리고 게이트에서 걸리면 바로 그 자리에서 모든 일이 수포로 돌아간다. 어설프게 하다가는 엄청나게 혼나지 않을까? 샨린은 도오루의 생각에 회의적이다.

"그리고 숨어 들어갈 방법을 생각해야 해. 루브르 미술관 정도는 아니어도 경보기는 있을 테고……."

도오루는 이제 의욕이 넘쳤다. 샨린 역시 갈릴레오에게 진실을 전해 주고 싶은 마음은 크지만 도오루는 어딘가 다른 쪽으로 의욕을 불태운다는 느낌이 든다.

"다케시한테 상담해 봐야겠다."

"다케시? 오늘 영화 본 사람?"

"다케시는 경보 같은 거 잘 알거든. 내일 오라고 해서 물어봐야겠다."

"잠깐만!"

"왜?"

"내일 계속 나랑 같이 있겠다고 약속했어."

"근데 나 혼자는 숨어 들어갈 방법을 모른단 말이야. 그래도 다케시는 금방 알아 낼 거야. 이런 건 그 녀석한테 물어보는 게 최고라니까."

"그래. 나 도움이 안 되네. 돌아갈래."

"무슨 소리 하는 거야."

"나 도움 안 돼. 도루, 다케시 씨, 둘이서 하면 돼."

"에오윈 데려가는 건 샨린이잖아."

"몰라. 갈래."

샨린은 벌떡 일어나서 가방과 코트를 거머쥐었다.

"기다려 봐."

"싫어."

"왜 화내는데?"

"도루, 약속했다. 그런데 약속 안 지켜."

"그러니까."

"이제 됐어."

샨린은 울면서 현관에서 부츠를 신기 시작했다. 도오루는 문 앞에 서서 가는 길을 가로막았다.

"진짜 부탁할게. 제발 그런 억지 부리지 말아 줘."

"나 억지 부려. 그러니까 갈래."

샨린을 완전히 화나게 만들었다. 현관 콘크리트 바닥에 눈물이 뚝뚝 떨어진다.

"나 도오루한테 필요 없네. 도움 안 돼. 이제 됐어."

"왜 그렇게 말하는 거야."

"같이 있겠다는 약속 없어졌어."

오늘 하루 샨린이 혼자서 쓸쓸히 도오루를 기다렸다는 사실을 도오루는 완전히 잊고 있었다.

"쓸쓸했어. 도루, 오늘 없었다. 내일 또 같이 있지 않아."

"같이 있겠다니까."

"갈래!"

샨린은 도오루를 밀고 현관문을 열고 뛰어 나갔다. 도오루도 허둥지둥 열쇠를 가져와 급히 신발을 신고 뒤쫓았다. 엘리베이터가 내려가 버렸다. 도오루는 초조해하면서 다시 엘리베이터가 올라오기를 기다렸다.

맨션 입구에서는 이미 샨린의 모습이 보이지 않았다. 우선 샨린의 아파트 쪽으로 달려가기 시작했다. 긴 비탈길을 올랐다. 그 앞으로 샨린이 뛰어가는 모습이 보였다. 이대로 가게 내버려 두면 왠지 샨린을 잃을 것만 같아서 도오루는 젖 먹던 힘을 다해 달렸다.

"샨린!"

가까스로 따라잡은 도오루는 샨린의 가방을 움켜쥐었다.

"이제 됐어! 나 필요 없어!"

"필요해! 왜 모르는 거야! 왜 내 기분을 모르는 거야!"

"약속 지키지 않아!"

"사과할게. 미안해. 오늘 쓸쓸했지. 계속 기다렸잖아."

샨린이 흐느껴 울었다. 도오루가 샨린을 꼭 안았다.

"정말 미안해. 그러니까 필요 없다는 말 하지 마. 나는 네가 너무나도 필요해. 없으면 안 된다고. 이렇게 좋아하는데 왜 몰라주는 거야."

어째서 이런 기분이 전해지지 않는지 도오루도 울고 싶어졌다.

"나 도루 정말 좋아해."

"나도 샨린 무지 좋아한다고. 매일매일 같이 있고 싶어."

"정말?"

샨린은 얼굴을 들고 도오루의 얼굴을 보았다.

"정말정말 좋아해. 그러니까 오늘도 내일도 같이 있자. 다케시는 다른 날 부르자. 응?"

도오루는 샨린의 뺨을 따라 흐르는 눈물을 손으로 닦아 주고 입술에 키스했다. 눈물에 젖어 짠맛이 나는 키스였다. 샨린은 도오루에게 폭 기댔다.

"계속 같이 있고 싶어."

샨린은 말없이 고개를 끄덕였다. 그리고 두 사람은 왔던 길을 천천히 되돌아갔다.

　다음 날 점심, 잠에서 깬 샨린이 침대에 몸을 파묻은 채 말했다.

　"다케시 씨, 불러도 돼."

　"응? 아니야. 다음에 부르지 뭐."

　"그래도 약속했다. 갈릴레오한테 증거 보여 준다고. 약속 지키고 싶어."

　하룻밤 자고 마음이 진정됐나 보다.

　"정말 괜찮아? 우리 둘만 있지 않아도?"

　"응."

　샨린의 얼굴에 아주 조금 쓸쓸함이 떠올라 도오루는 망설여졌다.

　"둘이서 느긋하게 지내고 싶어?"

　"갈릴레오 약속, 증거 보여 주면 그렇게 할래."

　"……알았어. 나도 약속할게. 갈릴레오에게 증거 보여 주면 둘이서만 한가롭게 지내자."

　샨린이 말없이 고개를 끄덕였고 도오루는 침대에서 빠져

나와 핸드폰으로 다케시에게 연락해서 이쪽으로 와 달라고
부탁했다.

"좀 물어볼게 있는데 오늘 괜찮아?"

"괜찮아요. 아마 한 시간 정도면 도착할 거예요."

"미안하지만 부탁할게."

도오루가 전화를 끊고 샨린에게 말했다.

"한 시간 정도면 온다네."

"한 시간? 그럼 머핀 만들어야지."

샨린은 금세 일어나 옷을 갈아입고 부엌으로 갔다. 다케시
는 단것을 아주 좋아한다.

한 시간이 조금 지났을 즈음 다케시가 도착했다. 샨린이
만들고 있던 머핀도 마침 다 구워져서 샨린은 그것을 가지고
거실로 왔다.

"다케시 씨, 커피? 차?"

"아, 커피 주세요."

"오케이. 기다려요."

샨린은 다시 부엌으로 사라졌고 도오루는 자료를 들고 탁
자에 앉아 다케시에게 어서 앉으라고 재촉했다.

"뭘 물어보려고요?"

"이걸 봐 줬으면 하는데."

도오루는 피렌체 과학사 박물관 자료를 펼쳤다.

"이런 거 너 아니면 물어볼 사람이 없어. 그래서 너한테 전화한 거야."

"제가 할 수 있는 거면 뭐든지 하죠."

"여기에 밤에 들어가려고 하거든."

"네에?"

"한마디로 몰래 숨어 들어가고 싶어."

"저기, 불법 침입하고 싶다는 말입니까?"

"정확히 말하면 그렇지."

"왜 그런 짓을 하려는 건데요?"

"이유는 나중에 자세히 설명할게. 우선 이 자료를 보고 어떻게 하면 경비원에게 들키지 않고 들어갈 수 있는지 방법을 생각해 줘."

"좀 보여 주세요."

다케시는 자료를 들고 생각하기 시작했다. 샤린이 커피와 잔을 들고 탁자로 왔다. 그리고 다케시와 도오루에게 커피를 따라 주고 차가 담긴 잔을 들고 다케시에게 말했다.

"머핀 먹어요."

"아, 잘 먹겠습니다."

다케시는 머핀을 입에 한가득 넣고 자료를 훑어보았다.

"잠시 컴퓨터 빌리겠습니다."

그리고 서재로 가서 무엇인가를 조사하기 시작하더니 얼

만 안 있어 다시 돌아와 두 개째 머핀을 집으면서 말하기 시작했다.

"이 박물관 건물 자체는 꽤 낡아 보이네요. 사진만으로는 확실히 모르겠지만 이 층이 전시실이고 일 층에 수위실이나 경비 시스템이 있는 것 같아요."

"경비 시스템은 어떤 거 같아?"

"이 정도라면 그렇게 대단한 건 아닐 거예요. 아마 감시 카메라는 있을 거고 문을 잠근 후에 그걸 부수면 경비 회사에 통보가 가는 시스템 정도일 거 같은데……. 그리고 밤에도 경비원이 상주하고 있을지도 모르겠네요."

"경비원이라……. 그러면 성가셔지는데. 그래도 그 사람들만 피하면 들어갈 수 있는 거야?"

"으음, 그럴 거 같아요. 아마 창문을 깨뜨려도 경보가 울리겠네요. 전시되어 있는 걸 보면 전시품을 움직여도 경보가 울리는 시스템 아니겠어요? 이거 맛있네요. 하나 더 먹어도 되죠?"

"그럼요. 고마워요."

샨린은 직접 만든 머핀이 맛있다는 말을 들어서 기뻤다.

도오루도 머핀을 집으면서 물었다.

"경비 시스템을 어떻게 해제하지?"

"음, 제 생각이지만 경비 시스템 전원을 꺼도 경비 회사에 분명히 통보가 들어갈 거예요. 그러니까 전원을 안 끄고 시스템에 침입해야 해요."

"그게 가능해?"

"어떤 건지 직접 안 보면 저도 확신은 못 하는데요……. 컴퓨터만 있으면 어떻게든 될 거예요. 그 다음은 잠금 해제를 어떻게 해야 하나……."

"비밀번호 누르거나 카드 리더가 있는 타입이면 복잡해질 텐데."

"이 건물에 그렇게까지 했을까요. 만약 그렇더라도 어떻게든 될 거예요."

"역시 믿을 만하네. 컴퓨터에 관해서는 최고라니까."

"아니, 아니에요. 무슨 말씀이세요. 저는 아직이죠. 이제 걸음마 떼는 수준인데요.

다케시는 그렇게 말했지만 꽤 기분이 좋은 것 같았다.

"근데."

쭉 아무 말 없이 듣고 있던 샨린이 입을 열었다.

"응?"

"여기 전원 꺼. 폴리스 와?"

"아마도."

"그럼 정전시키면 돼."

"아니, 그건 안 돼."

갈릴레오의 손가락 | 27

"아니, 아니. 여기 정전."

샨린이 그렇게 말하면서 박물관과 그 주변이 실려 있는 지도를 손가락으로 가리켰다.

"여기 전부 정전. 박물관만은 안 돼."

샨린이 박물관을 중심으로 커다란 원을 그렸다.

"이 부근 일대를 전부 정전시키라는 거야?"

샨린이 끄덕였다.

"으음……. 그래도 말이야, 뭔가 이렇게, 좀 첨단 기술을 써서 멋지게 하자."

"그랬는데 안 되면 어떻게 해?"

"그런 걱정은 안 해도 돼. 안 그래, 다케시?"

"그게, 안 되지는 않겠지만 진짜 실제로 가서 봐야 해요."

"그런 거. 위험해."

"도 아니면 모, 그런 게 좋잖아. 두근두근하고."

"그런 문제, 아니야."

"저……. 잘 생각해 보면 샨린 씨가 말한 정전, 좋은 아이디어일지도 몰라요. 박물관만 전원을 끄면 금방 들키지만, 이 부근 전체가 정전되면 설마 박물관을 노리고 있다고 생각하겠어요?"

"경비원이 있으면 어쩔 건데?"

"당연히 박물관 안을 한 바퀴는 둘러보겠죠. 근데 정전이 되면 창문으로 침입해도 경보가 울리지 않을 테니까 짬을 노리면 어떻게 되지 않을까요?"

"그렇긴 하다."

"그래도 일 층부터 침입하는 건 위험할 거예요. 좀 위에서 들어가는 편이 안전할 텐데."

"벽을 타고 올라가나."

"사다리 같은 게 있으면 어떻게든 되지 않을까요?"

"그렇군."

다시 샨린이 입을 열었다.

"닫혀 있으면, 들어가는 거 어려워."

"그러니까 지금 그걸 생각하고 있잖아. 어떻게 하는 게 좋을지."

"아니야. 낮에 들어가. 그대로 계속 있어."

"숨어 있자고?"

"들어가는 사람 티켓 사. 나오는 사람 티켓 내지 않아."

"확실히 그게 맹점이긴 한데. 그래도 숨어 있을 장소가 있을까?"

"화장실."

"그런 건 너무 볼품없어. 안 그래?"

도오루가 다케시에게 동의를 구했다.

"뭐 수수하긴 하네요."

"그래 그렇다니까. 이런 건 뭔가 영화처럼 말이야."

"도루, 안 열려. 그럼 어쩔 거야?"

"그럴 때 첨단 기술을 사용하는 거야."

"첨단 기술?"

샨린이 의심스러운 눈초리로 도오루를 봤다.

"이 건물, 이 창문, 첨단 기술 사용했어?"

확실히 그 말을 듣고 보니 이 낡은 건물 창문에 최신식 경비 시스템을 설치한 분위기는 아니다. 맹꽁이자물쇠로 잠겨 있다는 편이 더 믿을 만하다.

"다케시 어떻게 생각해?"

"첨단 기술을 사용하고 싶은 마음은 굴뚝같은데요……. 아까도 말했지만 가서 직접 보기 전에는 뭐라고 말하기 애매해요. 들어가서 숨어 있는 것도 하나의 방법으로 생각해 두는 게 좋겠어요. 경비가 허술하면 그런 방법이 덜 위험할지도 모르잖아요."

"그러면 나올 때는 어떻게 하는데?"

"그때, 정전을 일으키면 되죠."

"어떻게든 될까."

"이 부근은 그다지 현대화되지 않은 것 같으니까 땅속에 케이블을 안 묻지 않았을까요? 그냥 송전선으로 전기를 보낼 것 같아요. 박물관을 시작으로 더듬어 가면서 변압기가 있는 송전탑을 찾으면 될 것 같은데요."

"박물관 주변이 정전된다."

"직접 가서 보고 결정하는 게 제일 좋을 거예요."

"그래 맞아."

"그건 그렇고 여기서 뭘 하고 싶은 거예요?"

다케시가 갑자기 핵심을 찔렀다.

"음, 그게 말이지⋯⋯. 아주 잠깐, 소장품을 가지고 싶다고 할까."

"네에?"

"갈릴레오의 망원경을 실제로 만져 보고 싶다고."

"왜 만져 보고 싶은데요?"

"왜, 나 카메라 같은 거 좋아하잖아. 그래서 한 번이라도 좋으니까 갈릴레오의 망원경을 만져 보고 싶단 말이지."

"네에. 그래요."

엉성하기 짝이 없는 변명이었지만 다케시는 의심스러운 표정을 지으면서도 납득해 주었다.

"그래서 부탁이 하나 더 있는데."

"네."

"같이 가서 도와주지 않을래?"

"이탈리아에요?"

"비행기 값은 내가 낼게."

"휴가를 많이 못 내는데……. 금요일 오후부터면 될 것 같긴 해요."

"여권은 가지고 있지?"

"여권은 있죠."

"샨린, 금요일에 레슨 하나였지?"

"응."

"그거 쉬어."

"응? 아마 안 될걸."

"장례식이든 결혼식이든 뭐든지 핑계를 대서 쉬어."

"이번 주는 안 돼."

"그럼 다음 주라도 좋으니까."

"……어떻게든 해 볼게."

"그럼 금요일 저녁 비행기로 피렌체에 가는 거야. 그러면 그쪽에 토요일 오전에 도착해. 토요일 저녁 비행기로 돌아오면 여기는 일요일 낮이니까 괜찮겠지."

"가, 강행군이네요."

"그래도 이렇게 하면 금요일에 반만 쉬어도 되잖아."

"그야 그렇지만."

"그럼 결정한 거야. 피렌체야 기다려라!"

세 사람은 엉성한 계획으로 피렌체 과학사 박물관을 침입하기로 결정했다.

　다케시의 여권 복사본을 팩스로 받은 도오루는 여행사에 가서 피렌체행 항공권을 구입했다. 특별히 지금 피렌체에서 큰 축제가 있는 것도 아닌데 금요일에 출발해 일요일에 귀국한다는 엄청나게 짧은 여행 계획에 여행사 직원이 의아해했지만 어쨌든 왕복 비행기 예약이 끝났다. 흔히 말하는 무박 삼일의 총알 투어이다. 나리타 익스프레스 표도 준비했다.

　"있잖아, 이거 게이트에서 삐 소리 날 거 같아."

　샨린이 애완견 배낭을 들고 말했다. 배낭 모양이라 쇠 장식이 꽤 많이 붙어 있다.

　"아, 진짜. 그러면 곤란한데. 뗄 수 있는 건 전부 떼 내자."

　도오루가 펜치를 꺼내 떼어지는 쇠붙이를 전부 떼어 내고 어깨끈은 샨린이 단단하게 꿰맸다.

　"화장실은 어쩌지."

　"고양이용 휴대용 화장실을 사서 기내에 가지고 들어가자. 사료도 내 가방에 넣어 가고. 물은 기내에서 주니까 용기만 가져가면 되겠다."

　"정말로 배 속의 아기라고 믿어 줄까?"

　샨린이 가방을 메고 거울을 보면서 말했다.

　"일단 원피스 입어 보자."

"알았어."

샤린이 옷장으로 가서 원피스를 입어 보려고 했다.

"도루! 무리!"

"뭐?"

"이리 와 봐."

가서 보니 샤린이 지퍼와 씨름을 하고 있었다. 집에 있는 원피스는 평소 몸에 잘 맞는 것이라서 가방을 메고 지퍼를 올리기는 힘들었다.

"아. 이건 뭐, 큰 옷을 사야겠다."

두 사람은 서둘러 옷을 사러 갔다. 점원의 의심스러운 시선을 받으면서도 함께 옷을 갈아입으러 들어가 잘 따져 보았다. 가방을 메고 입어 봐야 하기 때문에 점원에게 보이면 난처해진다. 나쁜 짓을 꾸미는 사람들로 보일 것이다. 실제로 그렇긴 하지만 말이다.

이게 좋다 저게 좋다 따져 가면서 고르다 보니 한 시간 이상 흘러서 집에 돌아왔고, 이번에는 실제로 에오윈을 배낭에 넣고 확인해 보았다. 에오윈은 익숙하지 않은 배낭 안에서 꿈지럭꿈지럭 움직이면서 울었다.

"이러면 들킬 거야."

"에오윈, 부탁이야. 참아 줘."

도오루의 말에 에오윈은 더욱 더 뒤척이며 울부짖었다.

"에오윈, 에오윈, 착하지, 착해."

샨린이 원피스 위를 쓰다듬어 주자 에오윈이 겨우 얌전해졌다.

"제발 출국 게이트를 나가기 전까지는 그렇게 얌전히 있어라. 부탁이야."

일단 비행기 안에 들어가면 그 뒤에는 어떻게든 될 것이다. 문제는 이륙과 착륙인데, 지금은 생각하지 않기로 했다.

"그런데."

"뭐?"

"에오윈, 계속 여기 안. 불쌍해."

"그래도 어쩔 수 없어."

"그러니까 지하철에서는 저 가방. 안 돼?"

샨린은 큰 캐리어 가방을 가리켰다.

"나리타 도착하면 화장실 갈게. 에오윈 이쪽에 넣어. 안될까?"

"그건 그렇지. 그럼 그렇게 하자. 큰 가방도 그쪽에 가서 쓸 겸 가져가자."

비행 자체가 열 몇 시간이나 되는데 에오윈을 계속 작은 배낭에 넣어 두는 건 아무리 생각해도 너무 불쌍하다. 짐이 늘어나도 이편이 낫다고 결정했다.

드디어 출발 당일이 왔고 세 사람과 한 마리는 나리타로 떠났다.

"다케시, 짐이 엄청나구나."

"그야 그렇죠. 노트북 하나 가져가고, 전선 자르는 특수 공구도 있고, 유리칼도 준비했거든요."

"그런 것들은 대체 어디서 구비한 거야?"

도오루는 전선 자르는 일과 유리창을 완전히 잊고 있었다.

"인터넷에서 찾으면 다 나와요. 또 절연 테이프도 있고 이것저것 많아요."

다케시가 더 주도면밀하게 계획을 세웠다.

"미안하네. 전부 다 맡겨 버려서."

세 사람은 공항 화장실에서 에오윈을 배낭으로 옮기고 캐리어 가방 두 개를 부쳤다.

"어때? 엄마처럼 보여?"

"보여. 보여."

이제는 출국 카운터에서 걸리지 않기를 바랄 뿐이다. 샨린은 심장이 입 밖으로 튀어나올 정도로 긴장한 채 배를 문지르며 게이트를 무사히 통과했다. 다케시도 어려움 없이 빠져나왔다.

그런데 어처구니없게 도오루가 게이트에서 걸렸다. 시계를 풀고, 주머니에서 동전을 꺼내고, 신발까지 벗어도 게이트를 지나가면 삐 하고 소리가 났다. 검사관은 몇 번이고 반복하면서 금속 탐지기를 도오루의 몸에 대었다. 그 동작에 점점 공을 들이고 꼼꼼해지는 것이 이상하게 부끄러웠다. 왜냐하면 요즘 들어 조금씩 나오기 시작한 배 부분을 집중적으로 검사하는 느낌이었기 때문이다.

'내 배에 뭔가 있다는 거야? 이건 지방이라고!'

마음속으로는 화를 냈지만 양손을 펼치고 검사를 받는 도오루의 모습은 차례차례 통과하는 다른 사람들의 관심의 대상이 되고 있었다.

"뭐가 걸리는 걸까요?"

도오루는 억지로 웃음을 지으며 검사관에게 친절하게 굴었다. 그리고 검사관이 윗옷 주머니에 다시 한 번 손을 넣자 무엇인가가 만져졌다. 꺼내서 보니 그것의 정체는 땀을 닦는 물티슈였다.

"이겁니다. 알루미늄 포장이잖아요."

검사관이 물티슈를 들고 다시 한 번 도오루를 게이트로 지나가게 했다. 이번에는 게이트도 소리 없이 도오루를 통과시켜 주었다.

"형, 뭐 하는 거예요?"

"뭐, 걸렸어?"

십 분 이상 도오루를 기다리고 있던 다케시와 샨린이 도오루의 무사통과를 축하하기는커녕, 불평불만이었다.

"이거."

도오루도 물티슈 포장지를 보여 주고 불평을 쏟아 냈다.

"저 검사관, 내 배만 잔뜩 신경 쓰는 거야! 내가 뭐라도 했다는 거야?"

"배 말입니까?"

"이 배, 의심받았어?"

샨린이 도오루의 배를 통통 두들겼고 두 사람은 폭소를 터뜨렸다.

"너희들 말이야……. 내가 얼마나 난처했는지 알아? 두고 보라고. 내가 조만간 여섯 개로 나뉜 제대로 된 복근을 만들어 보여 주겠어!"

샨린은 탑승 시간까지 화장실에 틀어박혀 에오윈이 혹시라도 도망가지 못하게 목에 줄을 달고 좁은 배낭에서 해방시켜 주었다. 그리고 비행기에 탑승해서는 길고 긴 시간 동안 긴장을 풀지 못했다.

비행기 엔진 소리에 에오윈이 겁을 내며 꿈지럭꿈지럭 움직이기 시작했다. 샨린의 자리는 도오루와 다케시 사이였으므로 옆 좌석을 신경 쓸 필요는 없지만, 주위에 다른 손님이 있어서 신경이 쓰였다. 혹시 야옹 소리를 내며 울면 어쩌나 싶어 마음이 편하지 않았다. 샨린은 원피스의 가슴 쪽으로 에오윈을 엿보면서 필사적으로 달랬다.

안전벨트 착용 램프가 꺼지면 샨린은 즉시 화장실로 가서 에오윈을 꺼내 주었다. 그렇지만 화장실 바로 옆에는 승무원이 있다. 흔들리는 기내에서 밥과 물을 주고 도오루가 사 온 '야옹이 휴대용 화장실'을 꺼내 주면 에오윈은 얌전히 사용해 주었다.

그렇지만 계속 화장실에 있을 수는 없어서 열 시간 이상 비행을 하는 동안 샨린은 화장실과 좌석을 끊임없이 오갔다. 힘든 임신이라고 미리 연막작전을 펴서 자주 화장실에 가는 것을 보고 의심하는 사람은 없었지만 행여라도 에오윈이 울면 큰일이다.

에오윈이 푹 잠들어도 선잠을 잘 수밖에 없었던 샨린은 옆에서 정신없이 자고 있는 도오루와 다케시가 그저 얄미웠다. 파리에 도착할 즈음 샨린은 이미 기진맥진했다.

비행기를 갈아타기 위해 기다리면서도, 피렌체로 가는 비행기 안에서도 같은 상황이 이어졌다.

반나절 이상 걸려서 겨우 피렌체 공항에 도착하니 샨린은 모든 힘을 소모한 기분이었다.

"도루, 돌아갈 때 또 이렇게 해?"

샨린이 발을 질질 끌듯이 걸으며 도오루에게 물었다.

"그렇지."

"이제 싫어."

"싫어도 달리 방법이 없잖아. 아니면 여기에 반년 있을 거야?"

"반년? 싫어!"

"그러면 어쩔 수 없으니까 돌아갈 때도 부탁해. 힘내."

전혀 의미 없는 격려를 받은 샨린은 어깨를 축 늘어뜨리고 털썩 주저앉아 짐이 나오기를 기다렸다.

"에오윈, 나, 불쌍하다."

어째서 둘만 이렇게 고생해야 하는지 정말로 불만이었다. 드디어 컨베이어 위에 짐이 나왔지만 샨린은 일어날 힘도 없어서 두 사람에게 짐을 맡기는 꼴이 되었다.

"이제부터 어쩔까요? 박물관까지 어떻게 이동해요?"

박물관은 카스텔라니 광장에 있다. 지도를 가지고 있지만 이 도시는 길이 복잡하게 뒤얽혀 있어서 거리감이 잘 잡히지 않았다.

"렌터카를 빌리자. 나 국제 면허증 가지고 있으니까."

도오루는 해외에서 대학원을 다녔기 때문에 국제 면허증을 가지고 있었다.

"큰 차가 좋겠네요."

"밴 같은 거 빌리자."

"잠깐만, 잠깐만, 기다려 봐! 렌터카 안 돼."

샨린이 이의를 제기했다.

"왜 안 돼?"

"생각해 봐. 면허증 보여 주면, 들킬지도 몰라."

"뭐가."

"박물관 들어간 거."

"안 들켜. 들어가서 할 일만 하고 바로 나오면 되니까."

"그래도 증거 남아. 안 좋아."

좋지 않은 일을 하는 것이니, 최대한 증거를 남기지 않는 것이 최선이다. 적어도 샨린은 그렇게 생각했다.

"그러면 어떻게 가려고? 걸어서 가?"

"택시."

"그게 더 눈에 띄지 않을까요? 일본인 여럿이 박물관에 가는 거니까 운전수가 잘 기억하지 않을까요?"

"맞아."

"백인 몰라. 일본인, 대만인, 한국인, 얼굴 구별 못 해."

"으음……."

그건 그럴지도 모른다.

"그런데 택시로 가면 멋있지가 않잖아. 영화처럼 밴 타고 딱 도착해서……."

"그건 문제 아니야."

도오루와 다케시의 마음은 이미 액션영화의 주인공이다. 팀을 짜고 첨단 기술을 구사해 멋지게 범죄를 저지르는 것이다. 그런데 샨린이 쿵짝을 맞춰 주지 않는다. 다시 말하면 오직 샨린만 냉정함을 유지하고 있다.

"어쩔 수 없네. 택시 타고 가자."

"근처까지만. 박물관까지, 안 돼."

"왜 또."

"그러니까! 증거, 남기면 안 돼!"

얼굴은 기억하지 못해도 아시아인 세 명을 택시에 태우면 운전수의 기억에 조금이라도 남을 것이다. 박물관까지 타고 갔는데 그 후에 박물관에서 무슨 사건이 일어나면 세 사람과 사건을 연결 짓지 않는다고 장담할 수 없다.

샨린은 출입국 기록은 확실히 남는다 해도 그 외의 증거는 남기지 않는 것이 현명한 판단이라고 생각했지만 둘은 전혀 그런 생각을 하지 않았다.

결국 도오루와 다케시는 샨린의 설득에 못 이겨 택시를 타고 박물관 근처까지 가기로 동의했다. 도오루가 환전하는 동안 샨린은 공항 화장실에 가서 배낭에 있던 에오윈을 캐리어 가방으로 옮기고 아무렇지도 않게 행동하면서 공항 출구까지 유유히 걸어 나왔다.

이제 세관을 통과했으니 한시름 놓았지만 행여나 수상하게 보여 검문을 당하면 일이 복잡해진다.

"둘 다 여권은 내가 가지고 있을게."

"부탁드려요."

"응."

"그리고 돈은 조금 줄게. 무슨 일이 생길 때를 대비해서."

도오루가 샨린에게 지폐 몇 장을 건넸고, 세 사람은 택시 정류소로 갔다.

"보통 이럴 때 택시로는 안 가죠."

"〈오션스 11〉에서도 밴 타고 착 도착했잖아."

도오루와 다케시는 좁은 택시 안에서 계속 불평을 했다.

"영화, 현실이랑 달라. 도루, 조지 클루니 아니야, 다케시 씨, 브래드 피트 아니야."

샨린이 창밖 풍경을 바라보면서 두 사람에게 현실을 깨우쳐 주었다. 피렌체의 아름다운 거리는 세계 유산으로 등록되어 있다. 피렌체의 상징이기도 한 두오모와 거리에 늘어선 집들의 지붕이 모두 빨간 벽돌이다.

이 거리는 르네상스 예술의 보고이다. 사실 여유롭게 미술관 구경이라도 하고 싶지만 지금은 그럴 수가 없다.

"우리 어디 가서 밥이나 먹고 시작하자."

"아, 좋아요. 모처럼 왔으니 본고장 이탈리아 요리가 어때요?"

샨린은 대체 이 둘은 여기에 무얼 하러 왔는지 알고 있느냐고 묻고 싶었지만 아직 시간이 이르기도 해서 식사하는 데동의했다.

적당해 보이는 곳에 내려 가방을 끌고 둘러보다가 밖에서 식사를 할 수 있는 곳으로 골랐다. 밖이라면 에오윈에게 줄을 매고 가방에서 꺼내면 된다. 주문은 샨린이 했다.

"와인, 마시면 안 돼?"

"안 돼! 당연히 안 돼!"

샨린이 요리와 생수를 주문하자, 웨이터는 와인도 마시지 않고 식사를 할 생각이냐는 표정으로 어깨를 으쓱했다. 이탈리아 인이 보기에는 이상하겠지만 이쪽에는 이쪽 나름의 사정이 있는 법이다.

전채요리부터 파스타, 피자에 메인 고기요리와 마지막 디저트까지 도오루와 다케시는 놀라울 정도로 정말 잘 먹었다. 에오윈도 밥과 물을 먹어서 기분이 좋아진 모양이다. 샨린은 너무 지쳐 식욕도 생기지 않았다.

다시 택시를 잡아타고 박물관 가까이까지 갔다. 우선은 예비 조사이다. 다케시가 묵직한 캐리어 가방에 두 손 두 발을 들자 도오루가 배낭과 바꿔 주었다. 돌이 깔린 길에서 바퀴를 끄는 일이 생각보다 힘에 부쳤기 때문이다. 다케시는 아까부터 캐리어 가방이 뒤집힐 것 같으면 다시 서서 고쳐 잡고 또 끌기를 반복하면서 돌길 위에서 분투하고 있었다.

"이 전깃줄을 통해 이 구획 일대에 전력을 공급하는 모양이네요."

다케시가 박물관에서 이어진 전선을 더듬어 가며, 변압기가 있는 방향을 잡았다.

"그런데 저기에 누가 올라가요?"

불가능할 정도는 아니지만 전봇대는 꽤 높았다. 전봇대에 올라가 몸을 지탱하면서 양손으로 전선을 자를 수 있을 만큼 힘도 있고 가벼운 사람은 한 명뿐이다.

"나?"

"나는 못 올라가."

"저도 체력이 없어서요."

"그래도 나 박물관 안에 있어야 해. 어떻게 여기 와?"

"그럼, 내가 박물관 안에서 대기할게. 너는 어두워지면 전선을 자르고 벽을 타고 올라와서 들어와."

"내가?"

"힘내라, 강사님!"

"진짜……. 다들, 나만 시키고."

"형, 이거 무전기예요. 떨어뜨리지 않게 조심해 주세요. 그리고 이게 유리칼."

다케시가 캐리어 가방에서 마이크 헤드셋과 작은 무전기, 유리칼을 꺼내 건네주었다.

"일단 예비 조사를 해 보자."

도오루가 무전기와 유리칼을 받아서 배낭에 넣었다.

처음에는 박물관 주변을 검사했다. 광장 한 모퉁이에 박물관이 있지만 간판이 눈에 잘 띄지 않아서 자칫하면 못 보고 지나칠 정도였다.

"배전반 같은 건 건물 안에 있나 보네요."

옆 건물과의 간격을 살피면서 다케시가 말했다.

"그러면 배전반을 건드리는 건 꽤 위험하겠네. 아마 일 층에 있을 거고."

"그렇겠죠. 게다가 여기 전원을 끄면 분명히 경비 회사가 바로 달려올 것 같아요."

이탈리아 어라 잘은 모르겠지만, 경비 회사 같은 이름이 적힌 스티커가 입구의 묵직해 보이는 문 위쪽에 붙어 있다.

"역시, 전선을 잘라야 하나."

"정전 작전이네요."

세 사람은 나란히 박물관에 들어가 접수처에서 표를 샀다.

접수원은 피곤한 얼굴로 세 장의 표와 거스름돈을 내밀었다.

"아마 여기 어딘가에 경비 설비랑 배전반이 있겠는데요."

"조사하러 다니지는 못하겠지."

이 층부터가 박물관으로 한 층이 열 개 이상의 전시실로 나뉘어 있었다.

"꽤 크구나."

"갈릴레오 관련 전시실은 이 층 같네요."

다케시가 관내의 팸플릿을 보면서 말했다. 제4전시실이 갈릴레오에 관한 물건을 모아 둔 곳 같다.

"여기네."

샤린이 창밖을 보면서 위치를 확인했다.

"올라올 수 있겠어?"

"여기는 무리야."

발판이 될 만한 물건이 눈에 띄지 않았다.

"다른 방도 확인해 보자."

순서대로 전시실을 확인해 보니 제8전시실의 창문으로는 어떻게 들어올 만해 보였다. 그 전시실은 마침 건물 뒷면이어서 낙수받이 같은 것이 벽에 붙어 있었다. 세 사람은 모든 전시실을 확인하고 경로를 확인했다.

"제8전시실로 들어와서 똑바로 걸어와. 왼쪽으로 가면 복도에 한 번 나와야 하니까. 곧바로 오면 전시실을 지나 갈릴레오 전시실에 도착할 수 있어. 막다른 방에 도착해서 왼쪽이야. 거기서부터 두 번째 전시실이 제4전시실이야."

"오케이."

모든 전시실에는 감시 카메라가 붙어 있다. 도오루와 다케시는 화장실에 들어가 보았다. 역시 그곳에도 붙어 있다. 두 사람은 화장실에서 나와 어떻게 숨을지 의논했다. 각도를 생각하면 세면대 근처는 완전히 보이지만 칸막이 안으로 들어가면 아무래도 보이지 않을 것이다. 문을 열어 두고, 문과 벽 틈에 몸을 세워 숨어 있으면 어떻게든 될 것 같아 보였다.

"아직 시간이 꽤 남았어요. 해가 질 때까지는 기다려야 하니까요."

"힘낼게."

"도루, 힘내."

샨린은 도오루에게 키스하고 무사귀환을 빌었다. 도오루만 남기고 가려니 생각보다 불안했다.

"슬슬 나가. 폐관 직전에는 눈에 띄니까. 다른 관람객들하고 섞여서 나가."

"사람들 자체가 그다지 많지 않은데요."

"어쨌든 누군가하고 같이 나가는 게 좋아."

그다지 많이 알려진 박물관이 아니라서 관람객들은 드문

드문 있었다. 다케시와 샨린은 각자의 짐을 들고 헉헉거리면서 박물관에서 나왔다.

완전히 해가 질 때까지는 제법 시간이 걸린다. 다케시와 샨린은 시계를 현지 시간에 맞추는 걸 완전히 잊어서 지금이 몇 시 정도인지 전혀 몰랐다. 둘은 우선 카페에서 시간을 때우기로 했다.

하지만 대화가 이어지지 않았다. 두 사람이 이렇게 길게 얼굴을 마주하고 있는 일은 이번이 처음이기 때문이었다.

"도오루 형, 괜찮을까요?"

"응……. 걱정."

"무전으로 연락해 볼까요?"

"응."

다케시가 무전기에 전원을 넣고, 도오루를 불렀다. 주파수는 맞춰져 있지만 잡음이 심해 잘 들리지 않았다.

"도오루 형, 그쪽은 어때요?"

"……먹어."

"네?"

"빵……어."

"빵?"

도오루는 아까 식사를 한 식당에서 빵을 살짝 숨겨 간 모양이다. 그런 것에는 희한하게 머리가 잘 돌아간다.

"화장실 안에서 빵 같은 걸 먹고 있는 모양이네요."

"화장실……."

"우리도 뭔가 먹을까요?"

"다케시 씨, 먹어. 나는 별로."

다케시는 변함없는 식욕을 보였으나, 샨린은 그다지 입맛이 없었다. 에오윈에게도 밥을 주고 나무가 심어져 있는 곳에서 살짝 볼일을 보게 한 후, 두 사람은 다시 터벅터벅 걸어서 문제의 전선이 있는 곳까지 갔다.

"이거 도오루 형이 맡겼어요. 갈아입으라고."

다케시가 가방에서 검은 옷을 꺼냈다. 샨린이 레슨을 할 때 입는 검은 바지와 라운드 넥 스웨터였다.

"왜, 스웨터. 더워."

"이것밖에 없었던 게 아닐까요?"

"정말……."

"그리고 이것도 써 주세요. 먼저 무선 헤드셋을 하고요."

"응?"

다케시가 건넨 것은 스키용 털모자에 억지로 구멍을 낸, 눈만 빼고 얼굴을 가릴 털모자였다.

"싫어."

"어쩔 수 없어요. 얼굴은 감춰야죠."

"정말!"

샨린은 모두 불만이었지만 건물 뒤에 숨어서 온통 검은색 옷으로 갈아입었다. 무전기를 허리에 끼워 넣었는데 어쩐지 도중에 떨어질 것 같았다.

"떨어지지 않게 테이프로 붙일게요. 이야, 이제 완벽해요."

그런 칭찬을 들어도 전혀 기쁘지 않았다.

"그럼, 슬슬 작전을 개시해 볼까요."

다케시는 아주 즐거워 보였다. 도오루와 샨린만 직접 움직이고 다케시는 이 자리에서 대기하고 있다가 연락을 주고받기만 하면 되니까 마음이 편한 것이다. 샨린은 다시 애완견 배낭을 앞쪽으로 메고 에오윈을 안에 밀어 넣었다.

"에오윈, 미안해. 조금만 참아."

샨린은 절연 장갑을 끼고 전선을 자를 공구를 배낭에 대충 찔러 넣고 전봇대를 타기 시작했다. 아무쪼록 아무도 지나가지 않기를 바랄 뿐이다.

"전선 자르면, 떨어져 있어."

"알겠습니다. 형, 들리세요?"

"들려."

속삭이듯 작은 목소리가 들려왔다.

"이제 샨린 씨가 전선을 자를 거예요. 작전 개시입니다."

"알았어. 여기는 이미 조명이 꺼졌어."

샨린은 신중하게 전봇대를 올라가서, 하반신을 고정시켰다. 그리고 양손으로 공구를 꽉 쥐고 전선에 갔다 댔다. 그리고 밑을 향해 머리로 신호를 보냈다. 다케시는 그 신호를 보고 무전기로 연락했다.

"형, 갑니다."

샨린은 상반신에 힘껏 힘을 실어 전선을 잘랐다. 전선은 불꽃을 튀기며 힘없이 밑으로 떨어졌다. 카스텔라니 광장 일대가 순식간에 어두워졌다.

"다케시 씨 떨어져! 더 멀리!"

샨린이 다케시의 위치를 확인하고는 공구를 집어던지고 빠른 속도로 전봇대에서 내려왔다.

"이거, 부탁할게!"

샨린은 공구를 회수하는 일을 다케시에게 맡기고 박물관을 향해 달렸다. 가까이 가서 보니 역시 수위가 있는지 일 층 창문에서 손전등 같은 빛이 움직이는 것이 보였다. 샨린은 수위에게 들키지 않게 몸을 낮춘 자세로 건물 뒤로 돌아가 미리 봐 두었던 낙수받이 같은 것에 손발을 걸쳐 가면서 거침없이 척척 올라갔다.

이 층 창문까지 가니 창문 근처에 누군가의 기척이 들렸다. 샨린은 그 자리에서 움직임을 멈췄다.

"샨린 씨."

헤드셋으로 다케시의 목소리가 들려왔다.

"도오루 형이 창문 걸쇠를 열었어요. 그냥 들어가세요."

그와 동시에 창문이 열리고 역시 검은색으로 치장한 도오루가 손짓했다. 샨린은 창문 살을 잡고 벽에 다리를 붙였다가 탄력을 이용해 전시실 안으로 들어갔다.

"이쪽이야. 서둘러."

두 사람은 곧바로 전시실을 빠져나가 막다른 전시실에 다다르자 왼쪽으로 갔다. 첫 번째, 두 번째. 이곳이 갈릴레오 전시실이다.

"뭐, 가지고 가?"

"작은 물건이 좋겠지. 이 유리 케이스 안에 들어 있는 걸로 하자."

도오루는 유리 케이스 앞에 웅크리고 앉아 어두침침한 공간에서 유리칼을 꺼내 유리 케이스에 갖다 댔다.

"빨리!"

"나도 알아!"

누군가가 계단을 뛰어 올라가는 발소리가 들린다. 위층부터 순서대로 조사하면서 내려올 생각일 것이다. 샨린이 배낭에서 에오원을 꺼내 양손으로 안았다. 도오루는 천천히 유리

칼을 돌리면서 벽에 고정돼 있는 흡반을 잡았다.

"좋았어. 다 됐어."

그때 관내가 팍하고 밝아졌다.

"응?"

"뭐야?"

놀란 도오루의 손이 조금 미끄러졌다. 그리고 그대로 잡아 당기는 바람에 유리 케이스 앞쪽 유리가 쨍그랑 소리를 내면서 깨졌다. 그 소리에 놀란 에오윈이 순식간에 샨린의 품에서 뛰어내렸다.

"에오윈! 컴온!"

"샨린, 아무거나 괜찮으니까 꺼내! 빨리!"

샨린은 패닉 상태였다. 우선 눈앞에 있는 것을 집어 들고 에오윈을 찾았다. 계단을 뛰어 내려오는 발소리가 들리고 사람의 목소리도 들렸다.

"에오윈! 플리즈!"

"부탁한다! 에오윈!"

에오윈은 전시실의 구석에 엎드려 있었다. 샨린이 에오윈 쪽으로 달려가 서둘러 안아 올렸다.

"아까 그 창문으로 도망치자!"

"오케이!"

두 사람은 수위가 제1전시실부터 조사하기를 빌 뛰기 시작했다. 제5전시실, 제6전시실을 거쳐 오른쪽으로 돌았다.
그러자 미지근한 바람이 정면에서 불어왔다.

"가는 건가?"

"플리즈! 에오원!"

두 사람은 그 바람을 마주보고 계속 달렸다. 그리고 암흑
의 소용돌이로 뛰어 들어갔다.

심장의 고동 소리가 아직 귀에 들렸다. 두 사람은 다시 그
어두침침한 복도에 서 있었다. 눈앞에 있는 문틈으로 온화한
빛이 흘러나왔다.

"모자, 벗자."

"응."

두 사람은 눈만 내놓았던 모자를 벗고 휴 하고 숨을 내쉬
었다.

"전기 켜졌어. 왜?"

"아마 박물관 내부에 자가 발전기가 있었나 본데. 긴급 사
태에 그게 예비 전원이 되나 봐. 근데 뭐 가져왔어?"

샨린이 자신의 손에 있는 물건을 들어 보였다. 트로피의
받침대 같은 것 위에 달걀 모양의 유리 케이스가 있다. 그 안

에는 메마른 나뭇가지 같은 것이 들어 있다.

"이거 뭐야?"

샨린이 얼굴을 갖다 대고 살펴보았다.

"오, 노! 줄게! 자, 여기!"

샨린이 도오루에게 그것을 떠넘겼다.

"뭐야. 이거……. 으악! 손가락이다!"

바싹 마른 나뭇가지 같은 것은 바로 사람의 손가락이었다.

"갈릴레오의 손가락이다."

피렌체의 과학사 박물관에는 갈릴레오의 중지가 보존돼 있다.

"왜 이런 걸 가져온 거야."

"도루, 뭐든지 괜찮아 말했다."

"그러긴 했지만…….”

그때 방 안에서 무슨 소리가 났다. 그러나 무슨 소리인지는 알 수 없었다.

"할 수 없지 뭐. 이걸 보여 주자."

도오루가 문을 두드렸다. 안에서 목소리가 들려왔지만 역시 무슨 말을 하는지는 알 수 없었다.

"저번에는 말이 통했잖아."

"응."

도오루가 천천히 문을 열었다. 저번과 같은 방이다. 전과 같은 얼굴의 노인이 뒤돌아보며 이야기했다. 그렇지만 의미를 알 수 없었다.

에오윈이 도오루의 발밑을 지나쳐 노인 쪽으로 가서 오도카니 앉았다.

"……구나."

"네?"

"꽤나 빠르다고 하지 않았느냐."

갑자기 말을 알아들을 수 있게 되었다. 에오윈이 근처에 갔기 때문에?

"아아……. 그렇게 빨랐습니까?"

"지금 방금 나가지 않았느냐."

시간의 경과를 잘 모르겠다. 하지만 어쨌든 가져온 것을 전해 주기로 했다.

"저기, 증거가 될는지 확실치 않습니다만……."

"이건 무어냐?"

"갈릴레오 당신의 오른손 중지입니다. 돌아가시고 나서 그 손가락이 계속 보존돼 우리 시대까지 남겨졌습니다."

"나의 손가락이라고 했느냐? 참인가?"

"바티칸에서 당신의 공적을 인정하기까지는 시간이 걸렸습니다만, 다른 국가나 과학자들은 일찍이 당신을 훌륭한 과학자로 인정했습니다. 그러니까 당신 손가락은 과학의 역사를 가리키는 것으로 지금까지 보존돼 왔습니다."

도오루는 그것을 훔쳐 온 죗값이 무거우리라고 생각했다.

"이게 참으로 나의 손가락인가?"

갈릴레오는 의심스러운 눈으로 두 사람을 보았다. 그리고 자신의 손가락과 비교하며 책상 서랍에서 확대경을 꺼내 살펴보기 시작했다.

"삼백 년 이상 경과했기 때문에 조금 알아보기 힘드실지도……."

무언의 시간이 흘렀다. 도오루와 샨린은 점점 불안해졌다. 자신들이 21세기에서 왔다는 증거로 가져온 것치고는 꽤나 부적절함을 충분히 알고 있다.

드디어 갈릴레오가 입을 열었다.

"인정하네."

"알아봐 주시는 건가요!"

"이것에는 내 손가락에 있는 오래된 상처와 같은 부분에 상처가 나 있군. 길이도 거의 같고 말이지. 삼백 년의 세월 동안 조금 오그라들었고."

"다행이다……."

샨린은 그 자리에 털썩 주저앉았다.

"내가……. 언제 용서를 받았다고?"

"1992년입니다."

"오래…… 오래 걸렸구나……. 나의 죄가 그렇게도 무겁단 말인가."

"죄가 아닙니다. 진실입니다. 당신은 진실의 문을 열었습니다. 그것을 인정하지 않은 쪽이 마음이 좁았던 겁니다. 어떻게 보면 그쪽이 죄를 지었다고 할 수 있죠. 당신이 보여 준 진실은 세계를 변화시켰습니다. 그리고 많은 사람들을 크게 움직였습니다. 그 사실을 꼭 전하고 싶어서 저희들이 여기에 온 것입니다."

"……."

갈릴레오는 자신의 마른 손가락을 그저 바라보며 아무 말이 없었다. 혹 후세에서 인정받았다 해도 지금은 분명히 고독하리라. 죄를 뒤집어쓰고 진실이 거짓이라는 말을 듣고, 아무에게도 인정받지 못하는 나날들이었다.

"조금 더 빨리 왔으면 좋았을 텐데요."

"아니 잘 와 주었네. 이것으로 조금은 평안한 죽음을 맞겠구먼."

"아직 안 죽습니다. 당신은 지금부터도 책을 쓰고, 새로운 물건을 발명합니다. 자제분들이 도와주실 거예요."

작년, 갈릴레오가 시력을 잃고부터는 자식들이 대신 글을 받아 적어 주었다. 그리고 갈릴레오는 진자시계를 발명했다. 갈릴레오가 할 일은 아직 남아 있다.

"그런가…… 아직이로군."

"네."

"그런데 이것은 어떻게 가져왔는가?"

"저기……."

가장 듣고 싶지 않은 질문이었다.

"음……. 저기, 피렌체 박물관에서 잠시 빌려 왔습니다."

"이것이 피렌체에 있는가?"

"그렇습니다. 카스텔라니 광장에 있습니다. 당신은 피렌체 거리에 되돌려 보내졌습니다."

"그건 고마운 일이군. 한데 빌려 왔다 함은?"

"저기……."

갈릴레오가 갑자기 쿡쿡 웃음을 터뜨렸다.

"필시 고생을 한 모양이로군."

"아, 네, 저기."

"그렇다면, 이걸 가지고 돌아가면 엄청난 일이 벌어져 있겠군."

"잘 아시네요."

아까 그곳에 이것을 가지고 돌아가면 바로 체포될 것이다.

"그건 걱정 말게나. 이것은 내가 보관하도록 하지. 변변치 않지만 은혜를 갚아야 하지 않나."

"네에?"

도오루와 샨린이 얼굴을 마주보았다.

"허허허, 그리 걱정 말고 돌아가시게."

갈릴레오가 그렇게 말하며 다시 웃었다.

"저기 한 가지 부탁이 있습니다만."

도오루가 조심스레 물었다.

"무언가?"

"사인을 받을 수 있을까요?"

"도루, 무슨 말 하는 거야?"

이런 상황에서 무슨 그런 어린애 같은 말을 꺼내는지 샨린은 어안이 벙벙했다.

"사인? 내가 말인가? 참으로 쉬운 부탁이군."

갈릴레오는 선뜻 승낙하고 책상 위에 있는 펜을 들어 종이에 크게 사인을 해서 도오루에게 주었다.

"감사합니다!"

갈릴레오의 자필 사인이다. 그것을 본인에게서 직접 받다니, 최고이다. 게다가 악수까지 해서 도오루는 크게 만족했다.

"그러면, 친구가 기다리고 있어서 저희는 이만 실례하겠습니다."

"그러게."

도오루와 샨린은 꾸벅 고개 숙여 인사하고 문고리를 잡았다. 그것을 본 에오윈이 일어나 발을 뻗어 기지개를 켜고 종종걸음으로 걸어왔다. 문이 닫힐 때 갈릴레오가 만면에 미소를 지으며 손을 흔드는 것이 살짝 보였다.

"자, 그럼 이제 다시 그곳으로 돌아가면 어떻게 될까."

"잡혀?"

"…… 아마도. 불법 침입했으니까."

"감옥, 들어가?"

"잘 모르겠지만, 일본에 강제 송환되지 않을까."

도오루는 갈릴레오의 자필 사인을 소중하게 배낭에 넣었다. 지퍼를 잠그는 순간, 또다시 미지근한 바람이 불어왔다. 복도 저편의 어둠에서 현대가 부르고 있다.

"우리 스스로 나가 줄까?"

"가슴, 펴고."

두 사람은 소용돌이치는 바람을 향해 걷기 시작했다. 그리고 어둠이 두 사람과 한 마리의 고양이를 감싸 안았다.

"어라?"

눈에 익은 방을 보고 도오루가 자신도 모르게 목소리를 높였다.

"도루의 집……"

두 사람은 피렌체의 과학사 박물관이 아닌 도오루의 맨션에 돌아와 버린 것이다.

"어떻게 보면 럭키?"

"럭키지. 비행기, 안 타도 돼."

그 열 몇 시간의 비행을 되풀이하지 않고 마친다는 것은 샨린에게 엄청난 행운이다.

"그건 그렇고 은혜를 갚는다는 건 뭐지?"

"몰라."

"그 손가락이 어떻게 됐는지 알아볼까?"

도오루는 서재에 가서 노트북을 열고 과학사 박물관의 홈페이지에 들어갔다.

"샨린, 이리 와 봐!"

"왜?"

샨린이 서재로 가 보니 도오루는 노트북 화면에 바싹 달라붙어서 화면을 쳐다보고 있었다.

"왜 그래?"

"오른쪽이 왼쪽으로 바뀌었어!"

이번에는 책장을 뒤져 『갈릴레오의 손가락』이라는 책을 꺼내 들었다.

"내 기억으로는 분명히 이 책 첫 장에 사진이 있었어."

책장을 펼쳐 보니 그 트로피 같은 형태의 받침대 위 달걀 모양 유리 케이스에 보관된 갈릴레오의 손가락 사진이 나와 있다. 그리고 설명이 쓰여 있었다.

"갈릴레오의 왼손 중지는 갈릴레오 본인의 유언에 따라 보존하기로 했다. 현재 피렌체 과학사 박물관에 보존돼 있다."

"기록이 바뀌었어! 갈릴레오는 유언 같은 거 남기지 않았거든!"

"이게, 은혜 갚은 거야?"

"분명히 그럴 거야. 덕분에 오른손에서 왼손으로 바뀐 거야. 역시 대단한데!"

오른손 중지는 과거에 두고 왔으니, 유언에서 왼손 중지를 남기라고 지정해 준 덕에 박물관에 '손가락'이 제대로 돌아가 있는 것이다. 좌우를 바뀌게 한 것은 갈릴레오만의 유머 감각이리라.

"있잖아."

샨린이 문득 생각난 듯 말했다.

"다케시 씨, 어떻게 됐지?"

"그러고 보니……."

도오루가 배낭을 뒤집어엎었다. 큰일이다. 정말 큰일이다. 비행기 티켓도 여권도 전부 도오루가 가지고 있었고 돈도 샨린에게만 조금 줬을 뿐이다. 다케시는 그야말로 빈털터리로 여권도 없이 피렌체에 홀로 남겨져 있다. 도오루는 사인까지 받아서 돌아왔는데 말이다.

"어떻게 해?"

"어쩌지."

그때 도오루의 핸드폰에 징징 진동이 왔다. 분명 다케시였다. 에오윈이 움직이는 핸드폰을 가지고 놀기 시작했다.

"어떻게 해?"

"어쩌지."

반쯤 울면서 전화에 매달려 있을 다케시의 얼굴이 두 사람의 머릿속을 스쳤다. 도오루는 황급히 에오윈에게서 전화를 빼앗아 들고 폴더를 연 다음 통화 버튼을 눌렀다.

5

산액 봉납

샤린과 과거의 실

3.14159265359……
(십삼만 천칠십이각형의 둘레를 근사계산해 구한 원주율의 값)
– 세키 다카카즈[關孝和]

피렌체에 남겨 두고 온 다케시를 귀국시키기 위해서는 많은 수고가 들었다. 무엇보다 여권이 없기 때문에 호텔에도 묵지 못했다. 도오루는 다케시에게 피렌체 일본 총영사관의 위치를 가르쳐 주고 우선 그곳에 가서 도움을 청하라고 알려 주었다.

　"총영사관에 가서 여권을 도둑맞았다고 하고 임시 여권을 발급받아. 돌아오는 비행기 편은 이쪽에서 알아볼 테니까 귀국할 수 있는 날이 정해지면 바로 연락해 줘. 여행사 카운터에 가면 바로 알 수 있게 해 놓을 테니까."

　"어떻게 벌써 일본에 있는 거예요?"

　"그건 돌아오면 설명할게."

다케시는 말도 잘 통하지 않는 나라에서 무거운 캐리어 가방을 끌면서 헤매고 헤매 겨우 총영사관에 도착했다. 그리고 자신은 아무런 잘못을 하지 않았음에도 장황한 설교를 들은 끝에 임시 여권을 발급받았다. 그 다음에는 다시 가방을 끌고 공항에 가서 장시간의 비행을 견디고서야 겨우 나리타로 돌아올 수 있었다.

도오루와 샨린은 다케시가 탄 비행기 도착 시간에 맞춰 나리타 공항으로 마중을 나갔다.

"다케시 씨!"

샨린이 먼저 다케시의 모습을 발견하고 소리 질렀다.

"샨린 씨!"

다케시가 반은 울상이 되어 샨린의 손을 잡았다. 수척해진 얼굴은 며칠 전보다 한 뼘은 작아진 것 같았다.

"이야, 고생했네, 고생했어. 수고했다."

"수고했다가 아니에요, 진짜! 난리도 아니었다니까요."

"미안해, 다케시 씨."

"줘 봐. 가방 내가 끌고 갈게."

두 사람은 다케시를 어르고 달래면서 나리타 익스프레스를 타고 요코하마로 돌아가기로 했다. 나리타 익스프레스 안에서 다케시는 잠에 곯아떨어졌다.

"엄청나게 피곤하긴 하겠지……."

"안됐어. 다케시 씨."

이번 소동이 시작된 것은 두 사람 때문인데, 다케시가 가장 손해를 봤다. 샨린은 레슨이 하나 있어 도쿄 역에서 도오루와 헤어져 먼저 내렸다.

"두 시, 들어갈 거야. 머핀 만들게."

요코하마 역에 도착할 즈음 다케시를 흔들어 깨우니 다케시는 잠에 취해 멍한 눈으로 배고픔을 호소했다.

"저, 배고파요. 기내식은 제대로 된 음식이 나오지도 않지, 옆 자리 아저씨가 엄청나게 코를 골아 대니 잠을 잘 수가 있나, 이제 저 정말 체력 한계예요. 어라? 샨린 씨는요?"

"레슨이 있어서 도쿄 역에서 내렸어. 좀 이따 올 거야. 내가 점심 사 줄게. 뭐 먹고 싶어?"

"고기 먹고 싶어요. 불고기."

"불고기 한턱 낼 테니 배 터지게 양껏 먹어라."

두 사람은 역 건물로 올라가 불고기 집에 들어갔다.

일단 주문을 마치자 다케시는 테이블에 푹 엎드린 자세로 핵심을 찌르는 질문을 했다.

"그런데 어떻게 일본에 돌아온 거예요? 애초에 어떻게 박물관에서 나온 겁니까? 전기가 켜진 거 봤어요. 수위인지 경비원인지 그쪽으로 갔을 텐데."

이 질문은 예상했지만 도오루와 샨린은 아직 어떻게 설명해야 할지 정하지 못했다. 진실을 말해 줘도 분명 믿지 않을 것이다. 그렇다고 그대로 운 좋게 박물관을 탈출했다고 말해도 왜 다케시만 내팽개친 채 일본으로 돌아왔는지는 설명이 되지 않는다.

도오루는 잠시 망설였지만 모든 것을 솔직히 이야기하기로 결정했다.

"이게 조금 복잡한 이야기인데……."

도오루는 테이블에 있는 김치를 젓가락으로 찌르면서 슈뢰 고양이 에오원이 나타난 날부터 이야기하기 시작했다.

"슈뢰딩거의 상자라고요?"

맛있게 구워진 고기를 입이 터져라 넣고 씹으면서 다케시가 절대로 믿기지 않는다는 말투로 되물었다.

"이따 우리 집에 가서 증거를 보여 줄게. 그걸 믿고 안 믿고는 너한테 달렸지만."

"사실 솔직히 말해서 형이 아니라면 이런 이야기 듣고 있지도 않았을 거예요. 단지."

"단지?"

"박물관에 불이 켜지고 그 직후에 경찰도 오고 경비 회사 차도 몇 대나 오니까 난리 났다 싶어서 저는 그곳에게 조금 떨어져서 전화를 했거든요. 아마 오 분이나 십 분 정도 사이였을 거예요. 무전기는 무서워서 못 쓰겠고."

경찰에 포위당했을 때 무전이 들어오면 근처에 동료, 즉 다케시가 숨어 있다는 것을 금방 들켜 버린다. 사실 잘 생각해 보면 휴대전화도 마찬가지긴 하다.

"상황이 그렇게 됐으니 정말 잡힐 거라고 생각했어요. 무사히 도망쳤으면 바로 연락이 올 거라고 생각했고요."

"응."

"그런데 도통 연락은 없고, 박물관에서는 소동이 점점 커지고, 이건 뭔가 이상하다 싶어서 전화를 해 본 거예요. 그랬더니 집에 있다니까."

사실 다케시는 도오루의 말을 곧이곧대로 믿지 못하고 일단 휴대전화를 끊고 다시 도오루의 집으로 전화를 걸었다.

"그런데 진짜 집에 있었잖아요."

"그랬지……."

진심으로 미안한 일이지만, 너무 빨리 귀국해 버렸다.

"그러니까 그건 틀림없는 사실이라고 인정하지 않을 수가 없어요. 그런데 그 이유가 고양이 때문이라고요……?"

다케시는 납득이 되지 않는 듯했다. 확실히 누구라도 이해하기 어려울 것이라고 도오루도 생각했다. 도오루나 샨린도 처음에는 에오윈이 원인임을 몰랐으니까.

"그럼 이제 그 증거를 보러 가도 괜찮겠어요?"

디저트로 아이스크림까지 다 먹은 다케시가 말을 꺼냈다.

다케시는 이미 오늘과 내일 휴가를 받았기 때문에 시간은 차고 넘칠 만큼 있었다.

"좋아. 가 볼까."

두 사람은 식당을 나와 도오루의 맨션으로 갔다.

도오루는 우선 고양이 일러스트가 빠진 양자론 책을 보여 주고, 전리품이랄까 도난품이랄까 애매한 여러 가지 물건들을 차례차례 보여 주었다. 슈뢰딩거 방정식의 초고, 안티키테라의 기계 설계도, 로렌츠의 집에 있던 군기 그리고 마지막으로 이번에 가져온 갈릴레오의 자필 사인까지.

"하나같이 새 물건에 가깝네요. 이 이상한 깃발은 제외하고요."

각각의 물건을 손으로 집어 보면서 다케시가 말했다.

"그야 그렇지. 그 시대에 가서 훔쳐 와 버렸으니까."

"으음……."

다케시는 물건들을 앞에 두고 잠시 생각에 잠겼다.

"그 뭐랄까, 어딘가에 갈 때 조건 같은 건 있어요?"

"조건?"

"예를 들어 특정한 말이라든가, 시간이나 날짜라든가."

"보자……."

어땠더라. 도오루는 잘 기억이 나지 않았다.

"맞다. 특정한 무언가는 아닌데 안티키테라의 기계 이야기를 하고 있을 때랑 로렌츠 이야기를 하고 있을 때는 저녁 무렵이었어. 해가 질 무렵에 가까웠지."

"그때 에오윈은 어떻게 하고 있었는데요?"

"음……. 샨린 무릎 위에 있거나 그랬네."

"옆에 있는 거네요. 두 사람의 이야기를 듣는구나."

"그런 느낌이야."

"그거 말고 다른 건 어때요?"

"아, 맞다. 에오윈의 눈이 말이야, 보통 땐 황금색이랑 청색이야. 그런데 두 눈이 갑자기 비취색으로 변하면 바람이 불고 완전히 깜깜해져. 해가 떨어져서 어두워지는 건지 에오윈 눈이 변하니까 어두워지는 건지는 잘 모르겠지만……."

"눈 색깔이 바뀐다고요?"

다케시는 서재에 있는 도오루의 의자 위에 길게 엎드려 있는 에오윈에게 가서 직접 확인했다.

"응. 지금은 황금색이랑 청색이야."

"한마디로 이런 건가요? 저녁 무렵 두 사람이 뭔가 이야기를 한다. 그때는 보통 에오윈이 옆에 있다. 그리고 날이 저물면 에오윈의 눈 색깔이 비취색으로 변하고, 바람이 불면서 주변이 어두워지면 이야기 화제와 관련 있는 곳에 가 있다."

"그런 느낌이지."

그렇게 정리를 해 보니 도오루도 뭔가 상황이 이해됐다. 다케시는 수수께끼를 파헤치는 일을 재미있어하고 있다.

"그럼 항상 그래요?"

"항상 그런 건 아닌데……."

저녁이 되면 반드시 그렇게 되지는 않는다. 오히려 밥을 먹고 그대로 자는 때가 훨씬 많다. 돌발적으로 일어나니까 지금까지 무엇이 원인인지 몰랐던 것이다.

"형 혼자 있을 때는 그런 일이 일어나지 않는 거예요?"

"응. 안 생겨. 항상 샨린이랑 같이 있을 때 일어나."

"그렇다면 두 사람이 같이 있지 않으면 아무 일도 일어나지 않는다."

"그렇게 되네."

"그러면 샨린 씨도 하나의 열쇠일지 모르겠네요."

"열쇠?"

"한 가지 조건이라는 의미로요."

"그렇지만 샨린이 혼자 있어도 아무 일도 일어나지 않아."

저녁까지 여기서 도오루를 기다리던 날 역시 아무 일도 일어나지 않았다.

"음, 뭐랄까. 그 뭔가가 일어날 때 보통 형이 이것저것 이야기를 하고 있죠?"

"그렇지."

샨린이 이야기를 하기도 하지만 샨린은 일본어가 그리 능숙하지 않기 때문에 술술 이야기하는 일은 거의 없다.

"그렇다면 샨린 씨는 통역 같은 역할 아닐까요?"

"통역? 누구의?"

"에오원."

"통역이라……."

그렇게 확 다가오지는 않지만 듣고 보니 그런 느낌도 들었다. 게다가 에오원은 샨린을 가장 잘 따랐다.

"그리고 가는 곳은 항상 과거예요? 예를 들어 현재의 다른 장소에 가거나 하지는 않아요?"

"그건 안 되는 거 같더라고."

그건 요전에 시험해 보았다. 피렌체 과학사 박물관이 있는 장소를 가리키고 그곳에 데려다 달라고 부탁했지만 에오원은 아무런 반응을 보이지 않았다.

"미래도 안 돼요?"

"시험해 본 적은 없어."

가면 굉장하겠지만 조금 무서운 느낌도 들었다. 게다가 혹 간다 해도 그때가 어느 시대의 미래인지 분명 짐작도 하지 못할 것이다.

"그럼 그 고양이, 완전히 양자 같잖아요."

"양자 같다니. 무슨 말이야?"

"원래 슈뢰딩거의 고양이는 살아 있는 상태랑 죽어 있는 상태가 중첩되어 있는 상황이잖아요?"

현실적으로는 불가능하지만 슈뢰딩거는 그런 상황을 사고 실험으로 만들어 냈다.

"그러니까 저 고양이는 과거와 현재의 중첩 아닐까요?"

"과거와 현재의 중첩? 그런 게 가능하나?"

"양자는 중첩이 가능하잖아요?"

"그거야 그렇지만."

양자는 눈에 보이지 않을 만큼 아주 작지만 기묘하게도 본래 크기의 열 배 정도 떨어진 장소에 동시에 존재하는 일이 가능하다. 그렇게 '동시에 다른 장소에 존재' 하는 상태를 양자의 '중첩' 이라고 한다.

"에오윈은 과거와 현재, 이 양쪽에 있다는 거야?"

"그런 게 아닌가 생각한다는 거예요. 그리고 양자는 순간 이동이 가능하잖아요?"

확실히 그렇긴 하다. 도나우 강의 양쪽 강변에서 양자 순간 이동의 실험을 해서 성공한 적이 있다. 단지 그 순간 이동은 영화 같은 데서 보던 순간 이동과는 조금 다르다.

양자에는 '이것'이나 '저것'의 구별이 없다. 전혀 개성이 없는 존재인 것이다. 예를 들어 모래알이라면 아무리 작아도 두 개의 모래알은 차이가 있다. 하지만 양자는 그런 것이 없다. 속성은 가지고 있지만 같은 속성의 두 양자 사이에는 구별이 없는 것이다.

그러한 양자의 성질을 이용한 실험이 양자 순간 이동으로, 우선 도나우 강의 양쪽 강변에 양자를 하나씩 준비한다. 그 두 개의 양자는 보이지 않는 실로 이어져 있는 상태이다. 그런 다음 이쪽 강변의 양자에 다른 속성을 가진 양자를 붙이면 붙인 양자의 속성이 원래 있던 양자에게 그대로 이동해 그 속성이 순간 저쪽 강변의 양자로 이동한다.

그래서 저쪽 강변에 있는 양자는 처음에 있던 이쪽 강변의 양자와는 전혀 달라져 새로 붙인 양자의 속성이 나타난다는 것이 양자 순간 이동이다.

그러니까 양자 자체가 이동하는 것이 아니라 양자의 속성이 강을 건너 전해지는 것으로 영화에서 그려지는 순간 이동과는 조금 다르다. 그렇지만 속성은 확실히 이동하기 때문에 이것을 사람에게 적용시켜 보면, 도오루가 다케시로 둔갑한다는 것이다. 그렇지만 그것을 사람에게 적용시키려면 아주 많은 시간이 걸리거나 아예 적용하지 못할지도 모른다.

"확실히 비슷하긴 하다. 바람이 불어와 완전히 어두워지고 그 다음 어딘가에 데려가지잖아. 우리는 거기서 어느 정도 시간을 보내거든. 길어 봤자 십 분에서 이십 분 정도지만. 그런데 돌아오면 전혀 시간이 경과하지 않는 거야. 거기서 보낸 시간은 여기 시간에 영향을 미치지 않나 봐."

그것을 눈치 챘기 때문에 피렌체의 박물관에 숨어 들어갈 생각을 했던 것이다.

"저 고양이는 미니 블랙홀이라도 만드는 걸까요?"

이론적으로는 블랙홀도 어떻게 사용하느냐에 따라 과거로 가는 방법이 있다고 한다. 그러나 어디까지나 이론상의 이야기로 물론 시험해 보고 싶지는 않다.

"그러면 에오윈은 현대 물리학의 이론 모음 같잖아."

"그렇게라도 생각하지 않으면 그저 요물 고양이예요."

"에오윈은 평범한 고양이야. 사료도 먹지, 화장실도 가지. 근데 확실히 뭔가를 일으키긴 하는구나."

그것만은 부정할 수 없다. 그렇지만 요물 고양이이든 양자 고양이이든 둘 다 이해하기 어려운 것은 매한가지이다.

"그건 그렇고 샨린 씨 오늘은 늦게 오나 봐요?"

"아니 두 시에는 올 거라고 했어. 벌써 네 시네. 어떻게 된 거지?"

도오루는 샨린에게 전화를 걸었다. 그러자 샨린이 소곤대는 목소리로 핸드폰을 받았다.

"도루, 나 못 가."

"무슨 소리야?"

"그 사람 있어. 가려는데 밖에 있어. 그래서……."

그 사람이란 샨린의 전남편이다. 또다시 샨린을 따라다니기 시작한 것이다. 오늘 레슨은 이전부터 하던 곳이라 그 사람도 장소를 아는 것이다.

"아직도 있어?"

"몰라."

"데리러 갈까."

"노! 절대, 안 돼."

샨린이 강한 어투로 말했다.

"무슨 일이래요?"

대화가 들리지 않는 다케시가 걱정스러운 표정을 지으며 물었다.

"헤어진 남편이 일하는 곳 앞에 있나 봐."

샨린의 사정은 다케시도 알고 있다.

"큰일이네요. 데리러 가는 게 좋지 않을까요?"

"싫다고 하네. 샨린?"

"응?"

"언제까지 거기에 있을 수는 없잖아. 뒷문 같은 거 없어?"

"주차장에는 뒷문 있어."

"그럼 거기로 나와서 바로 택시 잡아타고 와. 최대한 멀리 돌아서."

"나 돈 없어."

"그런 걱정 하지 마. 여기 도착하면 내가 낼 테니까."

"……해 볼게."

그렇게 샨린과 통화가 끝났다. 도오루는 일어나서 초조한 기색으로 방 안을 이리저리 돌아다니기 시작했다.

"젠장, 그 인간은 왜……."

"왜 이제 와서 나타났을까요?"

"분명히 돈 뜯어내려고 왔을 거야. 전에도 그랬으니까."

"돈이요?"

"그자에게 빚이 있는 것 같더라고. 샨린하고 같이 살 때도 빚투성이였나 봐."

샨린은 결혼 후에 매일매일 이상한 전화가 걸려왔다. 사채 업자의 전화라는 걸 안 뒤로 샨린은 전화가 울릴 때마다 흠 칫흠칫 놀라게 되었고, 마침내 받지 않았다. 결국 샨린의 전 남편은 자기 파산 신고를 했지만 그래도 낭비벽을 고치지 못 하고 친구와 가족에게 돈을 마구 빌려 쓰다가 정체 모를 업 자에게도 대출을 받아 돈을 갚으라는 독촉이 끊이지 않았던 것이다.

"모르는 남자, 문 두들겼다. 낮에도 밤에도 왔다. 편지, 전화 계속 왔어. 너무 무서웠다."

그 빚의 일부는 샨린이 떠맡았다. 그러나 이혼할 때 전남편의 부모에게서 돈을 돌려받았다. 분명 그 때문에도 앙심을 품었을 것이다. 그리고 샨린은 평소에 돈을 잘 쓰지 않기 때문에 저금을 제법 가지고 있다. 그 남자는 그것을 노리는 게 틀림없다.

"일도 안 하는 사람일까요?"

"거기까지는 못 들었는데 그 인간이 대만에 출장을 가서 샨린을 만나 결혼한 거니까 당시에는 일을 하고 있었겠지."

그러나 사채업자가 집까지 왔다는 건 직장에도 재촉 전화를 했다는 뜻이다. 그랬다면 실직했을지도 모른다. 우선 지금은 샨린이 무사히 이곳에 도착하기를 바랄 뿐이다.

아무것도 못하고 그저 기다리기만 해야 하는 이 상황에 도오루는 조바심이 나고 화도 났다.

한 시간 정도가 지나 샨린은 집으로 무사히 돌아왔다. 택시를 타고 많이 돌아서 평소와 다른 노선의 지하철을 타고 왔다는 것이다.

"택시 요금은 어떻게 했어?"

"신용카드."

"어쨌든 무사히 돌아와서 정말 다행이다."

도오루는 아직 신발을 신은 채 현관에 서 있는 샨린을 힘껏 껴안았다. 또 붙잡혀서 심한 일을 당할까 싶어 제정신이 아니었다.

"진짜 걱정했어."

"아임 쏘리. 도루……."

그리고 샨린은 신발을 벗고 거실로 와서 탁자에 앉아 있던 다케시에게 사과했다.

"머핀 못 만들어서 미안해요."

"그런 건 됐어요. 무사히 돌아온 게 훨씬 더 좋아요."

"고마워요."

"그것보다 왜 다시 나타난 거야? 또 돈이야?"

"아마도……."

"왜 그렇게까지 돈 때문에 곤란해하는 거예요?"

조금 사적인 질문이라고 생각했지만 다케시는 그런 상황이 이해되지 않았다.

"몰라요."

"도박하나?"

"별로 안 해. 그런데 차 좋아해. 부숴. 고쳐. 다시 사. 그거 말고도 이것저것 사. 술 마셔."

결국 술꾼에 낭비벽이라는 이야기이다.

"그래도 일했잖아?"

"일 금방 그만둬. 또 다른 회사 가. 다시 그만둬."

한 곳에서 일을 진득하게 하지 못한다. 낭비가 심하고 돈이 없어지면 빌린다. 그렇게 악순환이 반복돼 빚이 늘어나게 된 것이다.

"바보 아니야? 그 인간 금리 계산도 못 하는 거 아니야?"

대출 광고에서조차 '지출과 수입의 균형을 생각해서'라고 말한다.

"그 사람 머리 좋아, 그렇게 말했다. 나 바보라고 했어."

"뭐 때문에?"

"그 사람 대학교 나왔다. 나 대학교 가지 않았다. 그래서 바보."

"뭐?"

도오루와 다케시는 엉겁결에 서로 얼굴을 마주 보았다. 그런 단순한 것으로 사람의 머리가 좋다 나쁘다를 판단하는 사람이라면 머리가 진짜로 비었다는 증거이다.

"그 사람의 엄마 말했다. 나 인텔리젠트 아니라고."

사실은 지성도 교양도 느낄 수 없어, 라고 들었지만 샨린은 그 차이를 잘 알 수 없었다.

"자기 아들 생각은 못하고 잘도 그런 말을 했네."

"그래도……."

샨린이 축 늘어져 소파 깊숙이 앉았다. 그 모습에 뭔가를 눈치 챈 에오윈이 총총 다가와 샨린의 무릎 위에 올라갔기 때문에 샨린은 그 부드러운 몸을 끌어안았다. 저녁놀에 비치는 에오윈의 회색털이 은색으로 빛나 보였다.

"그 인간 서당부터 다시 다니라고 말해 주고 싶네."

"읽고 쓰기, 주판부터 말이죠."

"그래 그래. 『논어(論語)』나 『진겁기(塵劫記)』를 읽어야지."

"서, 당?"

샨린은 그 말을 처음 들었다. 물론 『논어』도 『진겁기』도 마찬가지였다.

"그러니까……. 옛날에는 국가에서 운영하는 학교 같은 게 없었거든. 그 대신 지혜로운 사람이 선생님이 돼서 스스로 작은 학교를 열었는데 그걸 서당이라고 해."

"학원?"

"그래 그래. 특히 세키 다카카즈*라는 사람은 그런 사람들 중에서도 정말 대단했어. 엄청 어려운 수학을 연구해서 원주율이나 파이를 계산하고, 행렬식을 발견하거나 뉴턴하고 비슷한 시기에 거의 미분, 적분까지도 알아냈거든."

★ 1642~1708. 에도 시대의 전통 수학가[和算家].

"우와, 그랬어요?"

사실 그에 관해서는 여러 가지 설이 있기는 하다.

"왓 이즈 미분, 적분?"

"음, 영어로 미분은 뭐라고 하지?"

"저는 몰라요."

"그러니까 한마디로 엄청 높은 레벨의 매스매틱스를 일본에서 연구한 사람이야. 그 당시 일본은 쇄국정책이라고 다른 나라의 문물을 나라 안으로 들여오는 걸 금지했어. 그러니까 일본식 매스매틱스를 발전시킨 사람이지. 그걸 와산[和算]이라고 해."

세키 다카카즈는 야코프 베르누이보다 먼저 베르누이 수를 발견한 것으로도 유명하다. 요시다 미츠요시[吉田光由]가 쓴 『진겁기』라는 초등 수학 책이 와산 연구에 불을 지피는 계기가 되어 에도[江戶] 시대에는 크게 유행했다. 와산을 연구하는 학자들뿐 아니라 일반 서민 사이에서도 수학 애호가가 나타났다.

그러던 중 간에이[寬永] 시대에 태어난 세키 다카카즈는 어릴 때부터 『진겁기』를 독학으로 익히고 재능을 발휘해 서양과 막상막하의 고등 수학을 발전시켰던 것이다.

도오루가 서재에 가서 책을 한 권 가져왔다.

"이런 걸 와산이라고 해. 한번 봐."

도오루는 그렇게 말하고 산액(算額)★ 사진이 실려 있는 페이지를 펼쳤다. 커다란 회마(繪馬)★★ 같은 것에 도형과 한자가 빼곡히 쓰여 있었다. 다케시도 의자에서 일어나 책을 들여다보고 머리를 갸웃거렸다.

"우와. 이거 기하학인지 하는 건가 보네요."

커다란 원 안에 작은 원이 세 개 있고 중간 크기의 원이 하나 있다. 그 면적을 구하라는 것인가. 날이 저물고 방에 들어오던 석양 한 줄기가 사라졌다. 그리고 방은 어두워지고, 어딘지 모를 곳에서 미지근한 바람이 불어오기 시작했다. 어둠 속에는 빛나는 비취색 눈동자만 선명하다.

"응? 또?"

"방금 돌아왔는데."

"뭔가 이번에는 빠르지 않아?"

"빨라!"

그러는 사이 도오루와 샨린은 바람의 소용돌이에 휩싸여 어둠의 저편으로 빨려 들어갔다.

★ 에도 시대 중기부터 시작된 풍습으로 신사나 절에 봉납한 수학 회마를 말한다. 문제가 풀린 데 대한 감사의 마음을 담아 봉납했으며 와산가가 어려운 문제를 해답 없이 봉납하는 경우도 있었다.
★★ 신에게 소원을 빌거나 소원이 이루어졌을 때 그에 대한 사례로 신사에 말 대신 봉납하는 말 그림 액자.

툇마루가 있다. 아름답게 정돈된 소나무와 고운 다홍빛 꽃을 피운 명자나무 분재가 함께 놓여 있다. 마당에 깔린 새하얀 모래가 밝은 햇살을 반사해 방 안을 환하게 비춘다.

"무사의 집인가 보군."

도오루가 작은 목소리로 중얼거렸다.

"무사?"

"사무라이. 텔레비전에서 본 적 있지? 머리에 상투를 틀고 칼 가지고 다니는 사람들. 그런 사람이 사는 집일 거야."

"어떻게 알아?"

"마당에 모래밖에 없지? 그건 나쁜 짓을 하려는 녀석들이 들어와도 숨을 장소가 없도록 나무를 심지 않고 모래만 깔아 두기 때문이야. 그러니까 사무라이 집만의 특징이라고 할 수 있어."

"나쁜 사람, 많았어?"

"그렇지. 나쁜 사람도 많기도 했고, 오랫동안 나라 안에서 전쟁을 했거든. 그러니까 전쟁이 끝났어도 최대한 적으로부터 집을 지켜야 한다는 생각이 남아 있었을 거야."

"이 나무랑 꽃은? 무척 작아. 미니어처 가든이다."

"진짜 말 그대로 미니어처 가든이네. 마당에 나무를 못 심으니까 이렇게 작은 마당을 그릇 위에 만든 거야."

시대가 지나면서 무사의 집에도 나무가 심어져 있는 경우가 있었으나 기본적으로는 흰모래나 자갈을 깔아 놓았다.

"도대체 어느 시대로 온 거야……."

"어딘지, 알아?"

"내 생각이 맞으면 아마도 옛날 일본이겠지."

만약 닛코 에도촌*이라면 엄청나게 부끄러울 것이다.

"예쁘다."

샨린이 웅크리고 앉아 분재를 바라보다가 주위를 둘러보았다.

"전부, 나무?"

집의 구조를 물어본다.

"맞아. 옛날이라지만 보자, 한 백 년 정도 전이면 이런 식으로 지은 집이 아주 많았을 거야. 나무하고 종이로 지었어."

"나무하고 종이? 페이퍼?"

"그래. 유리 창문 대신에 이렇게 종이를 붙이는 거야. 창틀, 기둥, 복도도 모두 나무로 돼 있어."

"멋진 집이네."

"대신 화재가 나면 큰일이었어. 한번 불이 나면 전부 타 버

★ 우리나라의 민속촌과 비슷한 곳이다.

리니까."

에도 시대에는 화재가 그야말로 큰 사건이었다. 주군이 있는 에도 성도 몇 번이고 불에 타서 주저앉았다. 크게 번지기 전에 불을 끄면 다행이지만 일단 집에 불이 붙으면 완전히 다 탈 때까지 기다리는 방법밖에 없었다. 그래서 에도 시대의 소방관들은 불을 끄는 작업보다 가옥을 해체하는 작업을 했다.

물을 뿌려 불길이 번지는 것을 막기도 했지만 그것은 솔직히 언 발에 오줌 누기였다. 일단 옆집까지 불에 타는 것을 막기 위해 불이 지나는 길을 없애는 일 외에는 방법이 없었다.

드라마에도 자주 등장하는 오카 에츠젠[大岡越前]이 마을마다 소방 조직을 정비하기 전까지는 영주 저택이나 성을 지키는 소방관밖에 없었으며 시가지 전문 소방 조직은 1700년대가 될 때까지 등장하지 않았다.

"그래도, 빛이 비쳐서 소프트. 예뻐."

"그게 이런 집의 매력이지. 형광등처럼 직접적인 빛이 아니잖아. 햇살도 달빛도 부드럽게 스며들었어."

대만에서 태어난 샨린이 일본 가옥에 매력을 느껴 주다니 도오루는 어쩐지 기뻤다. 중국이나 대만처럼 화려하지 않고 오히려 수수한 일본의 집 구조가 예쁘다는 말을 들으니 자신이 칭찬을 들은 것처럼 기분이 좋았다.

쓰이지베이[築地塀]* 저편에서 여러 가지 소리가 났다. 일하는 아이가 심부름으로 뛰어가고 있는지 누군가 빠른 걸음으로 급히 지나가는 발소리, 물건을 파는 소리, 졸졸 흐르는 소리는 시냇물인가 아니면 물가에 살랑대는 풀잎인가.

갑자기 북북 종이 찢어지는 소리가 났다. 소리가 난 방향을 보니 에오윈이 창호지 문에 발톱을 갈고 있다.

"우왓! 하지 마!"

"에오윈, 망가뜨리면 안 돼!"

서둘러 잡으려고 하니 에오윈은 도오루와 샨린의 옆구리를 빠져나가 복도로 갔다. 그리고 엄청 신나게 달리는가 싶더니 이번에는 미닫이문에 가서 북북 발톱을 갈기 시작했다.

"저 녀석, 알면서 하는군."

"아, 방에!"

에오윈은 조금 열린 맹장지 문틈을 빠져나가 마당과 닿은 다른 방으로 들어가 버렸다.

"도루, 잡아."

"샨린, 이 방의 저쪽에 가 있어."

도오루는 에오윈이 창호지 문에 발톱을 갈던 방, 그중에서도 오른편 맹장지 문을 가리켰다.

★ 하얀 회반죽을 바른 토담 위에 지붕이 있는 것을 말한다.

"어떻게? 닫혀 있어."

"괜찮아. 열려. 이런 집은 문이 잠겨 있지 않아. 종이 문이 칸막이 역할만 하는 거야. 그러니까 저쪽에 가서 기다렸다 에오윈을 잡아 줘. 내가 신호를 보내면 문을 조금 열어서 에오윈을 잡아."

"응. 알았어······."

샨린은 이 집의 구조가 잘 파악되지 않았다. 나무와 종이로 지어진 잠금 장치도 없는 방, 아무것도 심어져 있지 않은 모래뿐인 마당, 인형 집처럼 작은 그릇에 놓인 미니어처 정원까지 그저 생소할 뿐이다.

도오루는 발소리를 죽이고 살짝 목을 빼 에오윈이 들어간 방을 들여다보았다. 방 안에는 서궤가 있고 벼루와 붓, 종이와 무엇인가가 놓여 있다. 또 흙벽 옆에는 실로 꿴 책이 많이 쌓여 있다. 서궤 위에 놓인 무엇인가에 달린 끈을 가지고 장난을 치는 에오윈도 보였다.

'이 녀석······. 점점 장난을······.'

도오루는 맹장지 문을 조용히 열어 자신이 지나갈 만큼의 틈을 만들었다. 그리고 몸을 옆으로 돌려 방 안에 미끄러져 들어가 살금살금 에오윈에게 다가갔다. 이제 조금만 더 가면 된다.

그때 발끝에 무엇인가가 걸렸다. 발소리를 내지 않으려고 발을 끌면서 가는 바람에 다다미 가두리에 두른 천에 발끝이 걸려 앞으로 푹 고꾸라지고 말았다.

"아이쿠!"

에오윈이 휙 하고 얼굴을 들었다. 큰일이다. 도오루는 에오윈 쪽으로 쓰러지면서 소리를 질렀다.

"샨린! 열어서 잡아!"

"웅? 어떻게?"

샨린은 손을 어디에 대야 장지문이 열리는지 몰랐다.

"검은 곳에 손을 걸어서 밀면 열려!"

샨린은 헤매다 겨우 장지문을 아주 조금 열었다. 그곳으로 발톱에 끈을 단 에오윈이 뛰어들었다.

"나이스 캐치! 샨린!"

에오윈이 열린 틈으로 뛰어들자 샨린은 목을 눌러 꼼짝 못하게 했다.

"에오윈 그거, 빼야지."

발톱에 걸린 끈을 빼려 하자 에오윈이 심하게 날뛰면서 반항을 했다. 실랑이를 하는데 누군가가 복도를 걸어오는 기척이 났다.

"가린이니? 아버님 방에는 들어가면 안 돼요."

여성의 목소리가 났다. 샨린은 그 목소리를 듣고 몹시 당황했다. 이대로 있다가는 맞닥뜨리게 된다. 도오루는 에오윈을 안고 샨린을 물러나게 한 다음 장지문을 닫았다. 하지만 이 방에도 숨을 장소가 없었다. 도오루는 마당으로 나가 쓰이지베이를 넘어야 할지 고민했다. 그러나 에오윈을 안고 그것을 넘기는 아무리 생각해도 무리였다.

"저기는?"

샨린이 가리킨 곳은 도코노마* 위에 있는 작은 벽장이었다.

"저기까지 안 닿아."

"그래도, 다른 데 없어."

샨린과 에오윈은 잘하면 들어갈지도 모른다. 샨린은 몸집이 작고 가벼우니까 먼저 올라가서 에오윈을 받으면 가능할 수도 있다.

도오루는 샨린에게 에오윈을 맡기고 까치발을 하고 벽장을 열었다.

"될 것 같아?"

그때 벽장 안에서 미지근한 바람이 불어오기 시작했다. 좀 전까지 분명히 비치고 있던 햇살은 사라지고 어둠이 도오루와 샨린의 시야를 가렸고, 두 사람은 소리를 낼 틈도 없이 그대로 바람에 실려 사라져 버렸다.

★ 일본 건축에서 객실인 다다미방의 정면에 바닥을 한 층 높여 만든 곳으로 벽에다 족자를 걸고 바닥에 도자기나 꽃병 등을 장식했다.

"왜 그러세요? 갑자기 아무 말도 안 하고."

다케시의 질문에 도오루와 샨린은 번쩍 정신을 차렸다. 다시 도오루의 집에 돌아와 있었다. 샨린은 소파에 앉아 에오원을 안고 있다. 에오원의 발톱에 끈이 걸려 있는데 그 끈에 커다란 나무판이 묶여 있다.

"응? 뭐라고?"

도오루는 무슨 소리인지 몰라 다케시에게 되물었다.

"아니 갑자기 둘 다 입을 다무니까 말을 걸었죠."

"……어느 정도, 그랬어?"

"어느 정도라……. 짧긴 짧았는데요. 갑자기 아무 말도 안 하니까 뭔가 내가 이상한 소리를 했나 싶어서."

도오루와 샨린이 지금 막 어딘가에 갔다 왔다는 것을 다케시는 모르는 모양이다.

"응? 그게 뭡니까?"

에오원의 발톱에 걸려 있는 끈과 나무판을 보고 다케시가 말했다.

"그러고 보니 무슨 장난을 친 거야 이 녀석! 다케시, 불 좀 켜 줄래?"

도오루가 에오원의 발톱에서 끈을 풀어 판자를 자세히 들여다보았다.

"큰일 났다…….''

"무슨 일인데요?"

"그거, 뭐야?"

도오루는 대답도 하지 않고 서재에 가서 우당탕 소리를 내며 무엇인가를 찾기 시작했다.

"아아! 못 찾겠어."

"그러니까 뭘요?"

"이거, 자세히 봐."

다케시와 샨린이 에오윈이 걸고 온 판자를 들여다보았다. 그 판자에는 거의 원형에 가까운 그림과 의미를 알 수 없는 한자가 나열돼 있고 한자로 쓰인 숫자가 열한 개 늘어서 있었다. 도오루는 다시 서재로 가서 컴퓨터로 무엇인가를 찾기 시작했다.

"역시 그랬어!"

도오루가 큰 소리를 냈다.

"뭐가요?"

아까부터 도오루는 다케시의 질문에는 전혀 대답하지 않았다.

"그거, 세키 다카카즈의 산액이야."

"네에?"

"세키 다카카즈는 십삼만 천칠십이각형을 사용해서 원주율을 열 한자리까지 계산했어. 그리고 당연히 산액으로 봉납했을 그걸 이 녀석이 가져온 거야!"

도오루가 에오윈을 가리키면서 외쳤지만 에오윈은 살짝 손끝을 쳐다보고는 태평하게 얼굴을 씻기 시작했다.

"너, 너……. 나 바보 취급하는 거지."

"형, 미안한데요, 아직 의미를 모르겠어요."

"뭘 모른다는 거야?"

"어디 갔다 왔어요?"

그러고 보니 그렇다. 다케시가 보기에는 특별히 변한 게 아무것도 없었던 것이다.

"아무래도 갔다 온 모양이야. 세키 다카카즈의 집에."

"정말입니까?"

"그럼, 이 산액이 어디에서 튀어 나왔겠어. 우리 집엔 그런 거 없었어."

"아, 이 나무 판자……."

"아마도 세키 다카카즈는 계산을 끝낸 기념으로 산액을 봉납하려고 놓아 뒀을 거야. 그 중요한 걸 이 녀석이."

다시 에오윈을 척 가리켰다.

"발톱, 걸린 것뿐이야. 에오윈 나쁘지 않아."

샨린이 에오윈의 편을 들어 주었다.

"산액이 그렇게 사용되는 거였어요? 자신의 성과를 신께 보고한다고 할까, 봉납한다고 했죠? 그런 목적이 담겨 있는 거예요?"

"그런 경우도 있고 자신이 만든 문제를 쓴 산액을 봉납해서 풀어 보라고 도전장처럼 사용하기도 했던 거 같더라고. 단지 이 산액은 분명히 문제를 풀었으니 신에게 감사하기 위해 봉납하려고 한 걸 거야."

"어째서요?"

"해설이 적혀 있잖아. 십일 행의 숫자가 적혀 있지. 그건 세키 다카카즈가 풀어 낸 원주율이야. 그리고 아까 간 집은 무사의 집이었어. 세키 다카카즈는 고후번〔甲府藩〕의 도쿠가와 츠나토요〔德川綱豊〕를 섬기고 있었는데 츠나토요가 장군이 되면서 에도에 있는 장군 저택에서 섬겼어. 조건이 맞아. 그런데……."

"그런데, 뭐?"

도오루의 표정이 어두워지자 샨린이 걱정하며 말했다.

"세키 다카카즈가 원주율을 계산했다는 기록은 찾아보면 얼마든지 나오지만, 그 산액을 봉납했다는 이야기는 없어."

"산액을 봉납해?"

"신에게 고맙다고 바치는 거야. 그 기록이 어디에도 없어. 그렇다는 건."

"그렇다는 건?"

"뭐예요?"

"우리들이 들고 와 버렸으니까 봉납할 수 없었다는 거 아니겠어?"

"그건 그렇지만 다시 쓰면 되는 거 아닌가요?"

다케시가 반론했다.

"그 시대를 잘 생각해 봐. 에도 시대라고. 신에게 봉납하려한 산액이 어느새 사라졌다. 반역자가 침입한 흔적은 없는데 기척은 들렸다. 그렇다면 그 시대에 어떻게 했을 것 같아?"

다케시와 샨린이 얼굴을 마주 보았다.

"모르겠는데요."

"몰라."

도오루는 샨린이 모르는 것은 이해하지만 다케시가 아무것도 생각하지 못하다니 용서할 수 없었다.

"다케시……. 조금만 더 생각해 보란 말이야. 신이나 정령이 가져갔다든가 도깨비장난이라든가 뭐든 생각이 있을 거 아니야?"

"저……. 에도 시대의 사람이 아니라서."

"아……. 어쩌지 이거."

도오루가 머리를 쥐어뜯었다. 안티키테라의 기계에 이어다시 역사에 끼어들었을 가능성이 있다.

"그냥 신사에 가서 봉납하면 되지 않아요?"

"그런 문제가 아니잖아."

"그래도 여기에 두는 것도 좀 거북하잖아요. 산액이 아무 데나 있는 게 아니잖아요."

"그래. 적어도 우리 집 근처 스이텐구〔水天宮〕에는 없어. 보통 어디에 보존되어 있는지는 알아. 도쿄에 열다섯 군데 정도 있다고 알고 있는데, 가나가와에는 열 군데 정도가 있을 거고, 확실히 외진 곳이었지……."

간토에서 유명한 곳은 오쿠니타마〔大國魂〕 신사나 히카와 〔氷川〕 신사이다.

"원래부터 봉납할 거였잖아요? 그러면 대신 봉납해 주면 어때요?"

"이런 건 본인이 봉납하지 않으면 의미가 없어! 그리고 지금은 산액을 봉납하는 사람이 없잖아? 그런데 갑자기 이게 나오면 큰 소동이 일어날 거야. 낡지도 않았지, 완전히 새 거야. 누군가가 가져왔다는 뜻이지. 내가 만져서 온통 지문이 덕지덕지 남아 있는 이 산액을 들고 갈 용기는 없어."

확실히 이 현대에 별안간 새 산액이 봉납된다면 뉴스거리가 될 것이다. 게다가 그것이 세키 다카카즈의 산액이라고 알려지면 더욱 심해질 것이다. 필적은 맞는데 산액은 새것이다. 세상을 놀라게 하려고 범죄를 저질렀다고 충분히 생각할

만하다.

"게다가 말이야,"

"아직, 변명이 있어요?"

"변명이 아니라, 사정 설명이라고 하자. 아무래도 세키 다카카즈의 집에는 여자 아이가 있는 것 같던데 그 여자아이 이름이 가린이야. 샨린 너하고 똑같았던 거 같아."

"응? 이름이 똑같다고요?"

"일본어로 가린이라고 하면 보통 이렇게 쓰잖아."

도오루가 근처에 있는 종이에 '香鈴'이라고 써서 보여 주었다.

"똑같은 이름……."

어쩌면 '花梨'일 가능성도 없지는 않지만, 도오루는 '香鈴'이라고 믿고 싶었다. 샨린은 그 종이를 들고 잠시 동안 눈을 내리깔았다.

"그렇지? 읽는 방법은 조금 다르지만 분명히 그 산액은 너한테 올 운명이었던 거야."

"운명? 데스티니?"

샨린이 눈썹을 모으며 물었다.

"그래. 샨린은 바보 따위가 아니야. 인텔리젠트하다는 증명으로 신이 주신 거야. 그러니까 이것은 남들한테 보이지 말고 소중하게 잘 간직해야 해. 알겠지?"

"오케이."

"그런데요⋯⋯."

"또 궁금한 게 남았어?"

"진짜였네요. 과거에 갔다 오는 거요. 저도 같이 못 가서 좀 아쉬워요."

"속 편한 소리 하지 마. 좋아서 가는 것도 아니고 항상 위기일발이라니까."

"그래요?"

"그렇다니까. 아, 배고프다. 뭐 먹으러 나갈까?"

"뭐 먹으러 갈까요?"

"점심은 불고기였으니까 저녁은 스테이크로 하자!"

"잠깐만, 잠깐만 기다려. 에오원한테 밥 줘야지."

"빨리!"

다케시가 좀 더 자세한 이야기를 듣고 싶어 해서 세 사람은 레스토랑에서 오래도록 이야기를 했다.

그날 밤 도오루는 샨린을 집으로 돌려보내지 않았다. 그리고 평소보다 열정적으로 샨린을 안았다.

"샨린."

부드럽고 새하얀 등에 흐르는 땀을 손가락으로 훔치며 도오루가 말했다.

"어디에도 가지 말아 줘."

"응? 아무 데도 안 가. 나 도오루 옆."

샨린이 미소 지었지만 도오루는 웃지 못했다.

"부탁이야. 내 앞에서 사라지지 말아 줘. 네가 없으면 난 안 돼."

도오루가 샨린을 힘껏 안았다.

"아무 데도, 가지 않아. 약속해."

"오늘 같은 일이 또 일어나면, 나 걱정돼서 너 밖에 못 내보내."

얼굴도 모르는 전남편이 머릿속에서 아른거린다.

"괜찮아."

"어째서?"

"도루 다시 구해 줄 거잖아. 내 손 잡아 줄 거야. 맞지?"

"그래, 맞아. 꼭 붙잡을 거야. 절대로 놓지 않을 거야."

연인들의 불안이나 고뇌는 아랑곳하지 않고, 슈뢰 고양이 에오원은 이불 위에 몸을 동그랗게 말고 꼬리 끝만 움직이고 있다. 마치 또 다른 장난을 생각하고 있다는 듯이.

6

피에르 퀴리의 가방

사진에 찍힌 두 사람

"인생에 겁낼 건 아무것도 없어요.
이해하면 되니까요."
— 마리 퀴리(Marie Curie)

그날 이후 샨린은 자주 도오루의 맨션에서 머물게 되었다. 길어지면 일주일이 될 때도 있었고, 집에는 샨린의 물건이 조금씩 늘어 갔다.

　'나 이대로 이사할게, 라고 말하지 않을까……'

　옷이나 속옷 종류가 늘어날 때마다 도오루는 그런 기대를 품었다. 하지만 샨린은 아직 아파트를 나올 기미가 없다.

　"돌아갈 곳, 없어져."

　도오루에게 의지하다가 어느 날 갑자기 모든 걸 잃을 가능성을 항상 염두에 두는 것이다. 실제로 결혼을 하고 더욱 뼈저리게 느꼈을 것이다. 외국인과 사랑에 빠져 그를 따라 외국으로 와서 결혼을 했다. 친구도 가족도 곁에 없고 오직 결혼한 상대 외에는 의지할 사람이 없는 생활을 결심한 것이다. 그 생활이 깨졌을 때의 고통과 슬픔, 후회가 지금 동거를 주저하는 마음을 갖게 한다고 도오루는 생각했다.

'나라도 그런 입장이라면 다시 생각해 보겠지.'

그러니까 샨린의 마음이 조금씩 변하기를 기다리는 수밖에 없다고 생각했다. 그렇지만 전 남편의 존재도 불안했다. 샨린에게 다시 무슨 일을 저지르지는 않을지 불안해서 견디기가 힘들었다. 그런 생각이 더 커질 때면 도오루는 정말 샨린을 옷장에 숨겨 두고 싶어졌다.

찰칵 자물쇠를 여는 소리가 났다. 샨린이 돌아온 것이다.

"어서 와."

"헬로……. 일어나 있었네."

어딘가 힘이 없다.

"아 유 오케이? 왜 그래?"

"일, 하나 없어졌어."

"응? 없어져?"

"그만뒀어."

"없어진 거야? 아니면 그만둔 거야?"

"둘 다."

설명이 부족하다. 우선 가방과 옷을 받아들고 샨린을 자리에 앉혔다.

"한 번만 더 설명해 줘."

"새로운 매니저, 나 필요 없다고 했어. 다음 달에 끝이라고 했어. 그래서 오늘 그만뒀다."

"계약 기간은 아직 남아 있었잖아?"

"앞으로 세 달."

"그러면 계약 위반 아니야?"

"이제 됐어."

오늘 간 곳은 얼마 전에 전남편이 찾아왔던 곳이다. 그곳에 안 가도 된다면 도오루는 오히려 안심이 되기는 했다.

"일 못하는 사람 같이 일하는 거, 정말 싫어."

그곳은 전 매니저가 갑자기 그만뒀는지 해고를 당했는지 부매니저가 갑작스레 진급을 한 곳이다. 전 매니저는 샨린을 채용한 사람이고 마음이 잘 맞아서 별 문제가 없었지만 부매니저하고는 성격이 전혀 맞지 않아서 두 사람은 항상 충돌했다.

그 남자는 항상 일처리가 늦고 실수도 많은 칠칠치 못한 사람이었다. 회원들도 '쓸모없는 강사'라고 부를 정도였으니 어지간히 그 일과 맞지 않는 남자였다. 그런데 그 사람이 매니저가 되었으니 샨린의 입장은 점점 더 나빠진 것이다.

일단 전 매니저와 사이가 좋았던 강사는 그에게 눈엣가시가 되었다. 그래서 마음에 들지 않으면 무조건 자르는 방침을 세웠고 그 첫 희생자가 샨린이었다.

매니저도 확실히 잘못되었지만 바로 그만두겠다고 한 것
도 이상하기는 했다.

"레슨은? 강사가 갑자기 없어지면 다들 깜짝 놀랄 텐데."

갑자기 그만두면 샨린이 나가던 시간에 구멍이 생긴다.

"나, 느낌 있었다. 그래서 저번에 비밀로 가르쳐 줬어."

결국 잘릴 거라고 어렴풋이 눈치 채고 있었기 때문에 회원
들에게 미리 전해 두었다는 말이다.

"다른 일, 찾아야지. 빨리."

"분명히 금방 찾을 거야. 다음은 더 일하기 좋은 곳일 거
고. 힘내, 응?"

"응……."

도오루의 격려는 아무래도 그저 겉돌아 버린 것 같다.

"나, 거기에서 필요 없었던 거야."

"그런 게 아니지. 매니저가 규칙을 무시하고 계약을 어겼
잖아. 그 사람이 나쁜 거야."

"그래도 나는 강사인데, 거기서 필요 없었어……."

샨린이 눈물을 뚝뚝 흘렸다. 마음이 맞지 않는 상사가 있
어도 레슨에 참여하는 회원들을 위해 매일매일 열심히 힘을
냈을 것이다. 그랬으니 분명 존재 자체를 부정당했다는 기분
이 드는 게 아닐까.

"그렇지 않아. 너를 필요로 하는 사람들은 분명히 많아. 어

딘가에서 기다리고 있을 거야."

"……그렇지만 돈 없어져."

그건 그렇다. 샨린이 그만둔 곳은 수입의 반을 차지하던 곳이었다. 아무리 저금이 있어도 반 년이고 일 년이고 놀면서 지낼 정도는 아니다. 그리고 샨린은 돈에 조금 집착한다. 구두쇠까지는 아니지만 돈이 없어지는 것을 상당히 무서워한다. 전남편과의 결혼 생활에서 고생을 했기 때문일 것이다.

그뿐 아니라 도오루가 뭘 사 줘도 불편해했다. 지금은 많이 익숙해진 것 같지만 사귀기 시작했을 무렵에는 도오루가 식사 비용을 내는 것도 지나치게 신경 썼다. 낸다, 안 낸다 문제로 싸울 뻔한 적도 있었다.

그래서 지금 도오루가 경제적으로 도와주겠다는 이야기를 꺼내면 샨린이 거절한다는 데 백 표를 던질 정도이다. 도오루는 무슨 말을 건네야 할지 몰라 곤란해졌다.

"빨리, 일 찾을 거야."

고개를 푹 떨어뜨린 채 샨린이 중얼거렸다.

오늘은 다케시가 저녁을 먹으러 오기 때문에 샨린이 장을 보러 나갔다. 그 돈도 자신이 낸다고 말하고는 도오루가 건

낸 지폐를 돌려주고 나갔다.

'그 정도는 타협하면 좋잖아······.'

샨린은 요리하기를 좋아한다. 가장 좋아하는 취미라고 말할 정도로 좋아한다. 그렇기 때문에 누군가 놀러 와 요리를 많이 만들 일이 있으면 의욕이 넘친다. 의욕이 충만한 것은 좋지만 그 재료비를 절대 도오루에게 달라고 하지 않는다. 그런데도 꽤 비싼 것을 사 오기 때문에 먹기만 하는 도오루는 그 부분에 약간 신경이 쓰였다.

"아, 샨린 핸드폰 놓고 갔다."

탁자 위에 샨린의 핸드폰이 있었다. 착신 기록을 알려 주는 빨간 램프가 점멸했다.

도오루는 핸드폰을 보고 싶다는 유혹에 사로잡혔다. 혹시 전남편의 전화번호가 아직 저장돼 있지 않을까? 모르는 남자 이름이 남아 있지 않을까?

망설이고 망설이던 도오루는 겨우 그 유혹을 물리쳤다. 혹시 있더라도 모르는 편이 낫다. 안다고 어떻게 할 수 있는 것도 아니고 괜히 핸드폰을 멋대로 본 것이 들키면 신뢰만 잃는다.

'같이 살면 돈도 다른 남자도 걱정하지 않아도 되는데 말이지······. 여기로 이사해 오면 집세 부담도 덜 텐데.'

아직 딱 한 발자국 정도 샨린은 같이 사는 것을 허락하지 않는다. 도오루가 그런 것들을 곰곰 생각하는 사이 샨린이 짐을 한 아름 안고 돌아왔다.

"많이도 샀다."

"도루, 다케시 씨, 고기 좋아해. 그래서 많이."

다케시와 샨린의 관계는 요전 일로 많이 호전된 듯하지만 샨린이 이따금 보이는 불안감이나 분노에 다케시는 당황할 때가 있었다. 샨린이 그러는 게 딱히 다케시 때문은 아니지만 갑자기 무표정하고 말이 없어지니 이해하기는 어려울 것이다. 도오루 역시 이해하기 어렵기 때문이다.

"다케시 씨, 몇 시에 와?"

"반찬 낸다고 했으니까 세 시 정도에는 오지 않을까?"

"그럼, 저녁 빠르네."

"그러네."

"알았어."

요리를 만드는 과제가 생겼기 때문인지 샨린은 기운을 차렸다. 부랴부랴 부엌으로 가서 도오루는 전혀 알지 못하는 작업을 시작했다. 요리를 거의 못하는 도오루는 샨린이 무엇을 어떻게 해서 여러 가지 음식을 만들어 내는지 솔직히 신기했다.

샨린은 어디서 배웠는지 일식, 양식, 중식 등 대부분의 요리를 만들 줄 안다. 중식은 그럴 수도 있지만 오세치 요리★

★ 일본의 정월 요리로 설이 되기 전에 미리 만들어 찬합에 넣어 놓고 연휴 동안 먹는다. 보통 각 단마다 들어가는 음식이 정해져 있으며 요리 하나하나에 의미가 담겨 있다.

를 만들었을 때는 정말 놀랐다. 요즘 오세치를 만드는 집은 거의 없을 것이다. 하지만 샨린은 가마보코를 제외한 오세치를 거의 다 직접 만들었다. 구리킨톤, 구로마메, 다테마키, 이쿠라 쇼유즈케에 고하쿠 나마스까지 찬합에 꽉 채워 내왔을 때는 기가 막혀 멍할 뿐이었다. 정말 놀라움 자체였다.

도오루가 어디서 배웠느냐고 물었더니 샨린은 책을 보고 배웠다고 대답했다.

"일본의 어머니, 기뻐해 주길 바랐다."

대만에서 여자를 데리고 와서 갑자기 결혼을 한다고 했으니 남자 쪽 부모는 틀림없이 놀라고 반대도 했을 것이다. 샨린은 그 마음을 풀려는 노력으로 요리에 마음을 담아 전하고 싶었음이 분명하다.

청소는 조금 서툴긴 하지만 얼굴도 예쁘고 요리 솜씨까지 좋으니 정말 훌륭한 아내였을 것이다. 그런데도 샨린은 행복하지 않았다.

'왜 세상일은 술술 풀리지 않나.'

도오루는 통통거리는 칼 소리를 들으며 생각에 잠겼다. 샨린을 행복하게 해 주고 싶지만 도오루가 샨린과 결혼한다고 하면 도오루의 가족들도 반대할지 모른다. 그러면 샨린에게 또 같은 고통을 주게 된다. 그 일을 해결하려면 긴 시간이 필요할 것이다. 지금 샨린에게 그 긴 시간을 견디라고 강요하는 것이 잔인하다는 생각이 들었다.

벨이 울렸다. 다케시였다. 도오루가 나가서 문을 열어 주었다.

"안녕하세요?"

"안녕하세요? 다케시 씨."

다케시는 반찬를 내고 온 사람치고는 여전히 피곤한 얼굴로 나타났다. 아무래도 이번 직장 일이 맞지 않는지 피곤해 보였다. 업무 내용에도 불만이 있는 것 같았다. 다케시는 시스템 엔지니어인데 지금 직장에서는 판매 상품에 문제가 생기면 그것을 처리하는 일을 하고 있어서 본인의 능력을 발휘할 수도 없는 상황이다.

능력이 있어도 직장을 잃은 샨린, 능력을 살리지 못하는 직장에서 불만을 안고 있는 다케시. 도오루는 인생이 마음처럼 되지 않는다고 절실히 느꼈다. 도오루는 대학원에 가서 박사 학위를 취득했지만 대학 교수가 되지 않고 글쟁이로 살아가고 있다. 원래 연구나 논문을 귀찮다고 생각했고, 책을 좋아했기에 뭔가 쓰는 직업을 가진 것은 그럭저럭 괜찮다고 생각한다. 대단한 일은 아니지만 좋아하는 일을 하면서 살고 있으니 나쁘지는 않다.

"오늘도 힘들었지. 다케시."

"아, 진짜 매번 변함이 없어요."

다케시는 상의를 벗고 의자 깊숙이 몸을 기댔다. 정말 변함이 없다.

"텔레비전 켜도 돼요?"

"그럼."

리모컨을 건네주자 다케시는 채널을 한 바퀴 쭉 돌리더니 결국 뉴스 방송에 고정시켰다.

"이 스파이 이야기 어떻게 된 걸까요?"

텔레비전 뉴스에서는 일전에 영국에서 암살된 러시아 인, 알렉산드르 발테로비치 리트비넨코에 대해 특집으로 다뤄 방송하고 있다.

"역시 러시아 정부겠지. 푸틴은 독재자니까."

"이거 먹어."

샨린이 전채요리 같은 것을 몇 가지 들고 와서 탁자에 차렸다.

"러시아, 스파이?"

샨린이 텔레비전 화면을 보고 물었다.

"그래. 폴로늄을 쓰다니 지독하지."

"어떻게 마시게 했을까요?"

"일식집에 있었으니까 와사비에 넣은 거 아닐까?"

"와사비라……. 그러면 스시를 만든 사람도 한패라고요?"

"매수하지 않았을까. 그걸 그 사람 스시에 넣으라고."

"근데 그러면 그 사람도 피폭 피해를 입잖아요."

"그렇지. 그러니까 자세하게 설명하지 않고 수면제 같은 거라고 속인 게 아닐까?"

"그래도 스시 만드는 사람은 안 죽었다잖아요."

"스시, 무슨 얘기야?"

샤린이 대화에 끼어들었다.

"리트비넨코라는 사람이 폴로늄이라는 방사성 물질로 살해당했어. 그걸 어떻게 먹였나 추리하고 있었어."

"런던이잖아? 티는?"

"안 녹지 않나."

"정제해서 가루로 만들었을까요?"

"아마도 그랬겠지. 폴로늄을 알루미늄으로 싸면 방사능이 노출되지 않거든."

"네에? 그렇게 간단한 방법으로요?"

"그래. 그러니까 들고 다니기는 간단해. 그래도 몸속에 들어가면 절대 못 살아. 치사량이 백 나노그램* 정도일 거야."

★ 십억분의 일 그램.

"백 나노그램이면 눈에 보이지도 않잖아요?"

"그만큼 독성이 강한 거지."

폴로늄은 매우 강한 알파선을 낸다. 가까이 가지 않으면 알파선이 피부의 각질층을 통과하지 못하기 때문에 피폭 위험이 적지만, 조금이라도 흡입하거나 마시면, 체내 피폭으로 죽음에 이른다.

"그런데 폴로늄, 이름이 좀 웃기지 않아요?"

"폴란드 어에서 따온 거야."

"폴란드? 왜 하필?"

"퀴리 부인이 발견했으니까."

"마리 퀴리★, 라듐!"

"맞아. 그 사람."

"아, 가스레인지 불."

샨린이 이야기를 하다가 동동거리며 부엌으로 가더니 잠시 후 이번에는 커다란 접시를 두 개 들고 돌아왔다.

"이게 메인 요리. 로스트비프, 치킨콘피."

"콘피가 뭐예요?"

"기름으로 익혀. 그렇지만 기름 없어."

도오루가 한 입 먹어 보니 확실히 기름지지 않다. 오히려

★ 1867~1934. 1903년에 노벨 물리학상, 1911년에 노벨 화학상을 수상했다.

기름기가 적은 느낌이다.

"맛있다, 이거!"

"고마워. 밥은 나중에. 디저트, 제일 마지막에."

세 사람은 탁자에 둘러앉아 조금 이른 저녁을 먹었다.

"에오윈, 안 돼. 먹으면 안 돼."

에오윈이 고기 냄새를 맡고 탁자 위로 뛰어 올라왔다.

"닭고기는 괜찮지 않아?"

"소금 간 했어. 그래서 안 돼."

샨린이 에오윈을 무릎 위에 앉혔다.

"아까 하던 이야기 말인데요, 폴로늄을 퀴리 부인이 발견했어요?"

"응. 그 다음에 라듐을 발견했어."

도오루가 우물우물 씹으면서 대답했다. 퀴리 부인은 남편 피에르*와 함께 폴로늄과 라듐을 발견했다. 역청우라늄석에서 우라늄의 농도보다 네 배가량 많은 방사선량을 검출한 퀴리 부인은 그 안에 우라늄이 아닌 아직 알려지지 않은 방사성 원소가 있다고 추측했다. 그러나 피치블렌드라고 불리는 역청우라늄석은 아주 비쌌기 때문에 그 미지의 원소를 빼낼 피치블렌드를 손에 넣기가 쉽지 않았다.

★ 1859~1906. 1903년에 노벨 물리학상을 수상했다.

"퀴리 부인은 가난했으니까. 대량의 피치블렌드를 살 돈이 없었어."

"그럼 어떻게 했어?"

"오스트리아 정부에 부탁해서 광산에서 나온 우라늄 광석 찌꺼기를 많이 얻었어. 남은 찌꺼기라서 폴로늄을 빼내는 데 시간이 꽤 걸린 모양이야. 수개월이 걸렸지."

"자세히 아시네요."

"물리니까. 뭐, 그렇지."

도오루는 대학에서 물리를 전공했고 대학원에서도 고에너지 물리학을 연구했다. 이 정도의 이야기는 도오루에게 누워서 떡 먹기나 마찬가지이다.

"아, 맞다. 저희 할아버지, 퀴리 부인의 강의를 들은 적이 있다고 하셨어요."

"뭐? 정말이야? 할아버지 무슨 일 하셨어?"

"으음, 뭐라고 해야 할까요, 땅을 많이 가지고 계셨어요. 그러니까 경제적으로 곤란하지 않으셨던 것 같아요. 지금도 우리 가족의 성(姓)이 지역 이름에 들어가 있어요."

"대지주였군."

"잘은 모르겠지만 파리에 계셨던 적이 있어서 그때 대학교에 몰래 들어가서 강의를 들으셨나 봐요."

"그럼, 소르본*인가. 피에르가 죽은 뒤구나."

퀴리 부인의 결혼 생활은 겨우 십일 년 동안이었다. 마리 퀴리의 남편 피에르는 비가 내리던 어느 날 도로를 건너다 넘어졌는데 운 나쁘게 마차에 치여 두개골이 깨져 즉사했다. 항상 둘이 함께 연구에 열중했던 결혼 생활 동안 거의 떨어진 적이 없었던 남편을 갑자기 잃은 퀴리 부인은 그때까지의 쾌활함을 잃고 완전히 다른 사람이 되었다.

　도오루는 서재에 가서 책장을 뒤지더니 책 한 권을 손에 들고 왔다.

　"이 사람이 퀴리 부인이야. 결혼은 피로연도 반지도 생략했고, 신혼여행으로 친척한테 받은 자동차를 타고 드라이브를 했대. 당시에 여자들은 자동차에 타는 일이 거의 없었다는 걸 보면 퀴리 부인은 학술 연구뿐 아니라 평소 생활도 최첨단을 달리는 여성이었던 거지."

　19세기 말 프랑스에서는 대학에 가는 여성이 극히 드물었다. 갔다고 하더라도 대부분이 외국인이었는데 퀴리 부인 역시 폴란드 인으로 외국인이었다. 물리학의 학사 과정을 일등으로 졸업한 그녀는 그야말로 재원이었다.

　"얼굴, 잘 안 보여."

　샤린은 얼굴을 사진에 바싹 붙였다.

★ 파리 제1, 제3, 제4대학교의 통칭.

"어느새 어두워졌네. 다케시, 미안한데 불 좀 켜 줘."

도오루가 다케시에게 부탁했다. 그때 또 에오윈이 탁자에 뛰어올랐다.

"요 녀석, 에오윈. 내려가."

나무라는 도오루를 돌아본 에오윈의 눈동자가 비취색으로 빛났다.

"아."

미지근한 바람이 식탁 위로 소용돌이 치고 방이 어둠에 휩싸였다.

"에오윈! 또야?!"

"이번에는 프랑스일까?"

"몰라!"

도오루와 샨린의 외침은 깊은 어둠과 바람의 소용돌이에 빨려 들어갔다.

웅성거리는 소리와 야유를 보내는 웃음소리에 휘파람까지, 밖이 굉장히 어수선하다. 쨍그랑 하고 유리창이 깨지더니 방으로 벽돌이 날아들었다. 휘휘하고 떠들썩한 소리가 들려온다. 누군가 창문에 다가와 페인트로 무엇인가를 휘갈겨 썼다.

"뭐, 뭐지?"

"무서워!"

거실 같아 보이는 이 방은 깨진 유리, 낙서를 한 듯한 종이 쓰레기, 그리도 벽돌이나 작은 돌들이 어질러져 지독한 상태였다. 아무리 좋게 말해도 썩 괜찮은 방이라고는 하기 어려운 조잡한 방이 더욱 쓰레기통처럼 되어 버렸다.

"뭐가 어떻게 된 거지?"

"사람들, 엄청 소리 지르고 있어. 왜 그래?"

"나도 모르겠어."

"여기 어디야?"

"지금까지 경험으로 생각해 보면, 퀴리 부인의 집이겠지."

다시 방에 무엇인가가 날아들었다. 아까 깨진 유리창으로 돌을 던진 것이다.

"도루!"

샨린이 도오루에게 바싹 붙었다. 대체 무슨 소란일까.

"왜 돌을 던지는 거야?"

"모르겠어. 퀴리 부인이 실험에 실패라도 해서 방사선이 누출됐나?"

쾅쾅 문을 두드리는 소리가 난다. 그리고 누군가가 고함을 쳤다. 프랑스어 같지만 다행인지 불행인지 두 사람은 프랑스어를 모른다. 이번에는 다른 창문이 깨지고 종이에 싸인 돌이 창문으로 날아들었다. 신문인가 보다.

도오루는 깨진 유리를 조심하면서 그 신문 같은 것을 펼쳤다. 그곳에는 퀴리 부인의 사진과 끝이 살짝 말린 콧수염을 기른 남자의 사진이 나란히 있고 그 밑에 외설스러운 만화가 그려져 있었다. 알몸의 남녀가 껴안고 키스하고 있다.

"뭔지 알았어?"

"잘 모르겠어. 뭐가 어떻게 된 거야?"

남자가 피에르 퀴리가 아닌 것은 확실하다. 피에르는 턱수염이 특징인 남자였기 때문이다.

"에오윈은?"

샨린이 주변을 돌아보았다. 하지만 모습이 보이지 않았다. 소리에 놀라 밖으로 뛰어나갔나?

"에오윈, 에오윈. 어디 있어?"

샨린이 불안한 목소리로 계속 에오윈을 부르며 방 안을 살펴보았다. 책상 위, 의자 밑, 커튼 뒤까지 열심히 찾았다.

"샨린, 창문 가까이 가면 위험해."

도오루가 말을 걸자마자 깨진 창문으로 많은 쓰레기가 날아들었다. 샨린이 비명을 지르며 그 자리에 주저앉았다. 그 덕에 방구석 라이팅 데스크 밑에 있는 에오윈을 발견했다. 에오윈은 그곳에 있는 검은 주머니 같은 것을 잡아당기려 하고 있었다.

"에오원, 컴온!"

"있어?"

"응, 있어! 에오원, 컴 히어!"

그러고 있는 중에도 문을 두드리는 소리와 누군가를 비난하는 소리는 이어졌고 사람들의 수가 점점 늘어나고 있는 것 같았다.

"그러고 보니……."

"왓?"

"퀴리 부인이 스캔들에 휘말렸다는 이야기를 어딘가에서 읽은 것 같은데……."

"스캔들?"

그때 누군가가 깨진 유리를 차 내고, 창문을 열고 들어오려 하는 것이 보였다.

"누군가 들어오려고 해!"

"에오원, 플리즈! 컴백!"

창문으로 들어오려 하는 사람은 눈에 검은 기계를 대고 있다. 사진기다.

"에오원, 부탁해, 돌아와 줘!"

에오원은 주머니 같은 것을 겨우 잡아당겨서는 깨진 유리 파편과 돌멩이를 이리저리 잘도 피하면서 지그재그로 두 사람이 있는 곳으로 돌아왔다.

"에오윈!"

샨린이 에오윈을 안아 들고 도오루를 돌아본 순간, 누군가가 창틀에 발을 걸치고 올라와 사진 찍을 자세를 취했다. 도오루는 저도 모르게 얼굴을 팔로 가렸다. 눈부신 빛이 번쩍거렸다. 플래시다. 큰일이다. 두 사람이 사진에 찍혔다!

열린 창문으로 미지근한 바람이 불어 들어왔다. 바람이 점점 강해지자 창틀에 발을 걸치고 있던 카메라맨이 비명을 지르며 방 안으로 떨어졌다. 종이 뭉치와 먼지가 날아올랐다. 그 바람이 소용돌이를 일으켰고 동시에 방이 어두워졌다.

도오루가 샨린의 어깨를 안으면서 크게 외쳤다.

"샨린, 에오윈 안고 있어?"

"잘 안고 있어!"

샨린의 대답과 동시에 두 사람은 바람에 실려 두둥실 떠올라 어둠 속으로 떨어졌다.

"저기."

다케시가 말을 걸었다. 순간 정신을 차리고 보니 두 사람은 가기 전과 다름없이 의자에 앉아 있다. 샨린의 무릎 위에는 에오윈 대신 낡은 가죽 가방이 놓여 있다.

"고양이가 닭고기를 가져갔는데요."

"너 그런 거 먹으면 안 돼!"

도오루가 허둥지둥 일어나 에오윈이 힘껏 물고 있는 닭고기를 뺏으려 했지만 에오윈은 항의하는 듯한 소리를 내며 고기를 재빨리 입에 물고서는 부엌으로 도망쳤다.

"저 녀석……. 점점 영악해지고 있어."

도오루가 찢긴 닭고기를 손에 늘어뜨린 채 돌아오자 샨린이 고개를 숙이고 무엇인가 부스럭부스럭 소리를 내고 있다.

"뭐 하시는 거예요?"

다케시가 묻자, 샨린은 무릎 위에 있던 가방을 탁자 위에 올리고 그것을 열었다.

"이거, 퀴리 부인의 사진……. 그리고 펜, 노트, 이것저것."

낡은 가죽 가방 안에는 몇 장의 사진과 자잘한 물건들이 들어 있었다. 그릇을 치우고 탁자 중앙에 물건들을 꺼냈다.

"이건……. 유품 아닌가?"

"누구요?"

"피에르 퀴리."

퀴리 부인과 나란히 서서 찍은 사진, 피에르가 포즈를 취한 사진, 글씨가 어지러워서 잘 읽을 수 없지만 노트 표지에는 P로 시작하는 이름이 쓰여 있다. 작은 수첩은 깨알같이 작은 문자로 빼곡하게 매워져 있다. 일기인지 날짜가 적혀 있다. 백지로 남아 있는 페이지도 있고 문자가 적혀 있는 마지막 페이지에서는 4와 06이라는 숫자만 읽을 수 있었다.

"잠깐만 있어 봐."

도오루는 서재에 가서 노트북을 켰다. 무엇인가 찾아볼 것이 있는 모양이다.

"이런 걸 어디에서 가져오신 거예요? 부엌입니까?"

"왓?"

"그리고 그 쓰레기 같은 종이. 그건 뭐예요?"

다케시는 두 사람에게 일어난 일을 모르는 기색이다.

"페이퍼?"

샨린이 탁자 위에 뭉쳐져 있는 종이를 펴 보았다.

"오! 도루, 큰일이야!"

"뭐? 잠깐만. 프린터 전원 좀 넣어줘."

샨린은 심하게 구겨진 종이에 시선을 고정한 채 사고가 정지가 된 것 같아 다케시가 프린터의 전원을 켰다. 프린터에서 몇 장의 종이가 인쇄돼 나왔다. 거실로 돌아온 도오루는 인쇄된 종이를 들고 의자에 앉았다.

"왜 그래요? 둘 다, 이상해요."

"갔다 왔어."

"어디를요?"

"아마도 퀴리 부인의 집에."

"언제요?"

"지금."

"네에?"

다케시는 불을 켜 달라는 말을 듣고 자리에서 일어나 조명을 켰다. 그랬더니 에오윈이 또 입에 닭고기를 잔뜩 물고 탁자에서 뛰어 내려가고 있었다.

"도루……. 이거."

샨린이 손에 들고 있던 종이를 도오루에게 건넸다. 다케시도 옆에서 같이 들여다보았다.

"외국의 타블로이드지 같네요."

B4 정도 크기의 신문이다. 작은 크기의 스포츠 신문 한 페이지를 반으로 찢은 정도의 크기이다.

"으아아!"

도오루가 기묘한 목소리를 냈다.

"왜?"

"뭔가 알아냈어요?"

"우리들 찍혀 있어."

도오루가 손가락으로 가리킨 사진에는 선명하지는 않지만 바싹 달라붙은 남녀의 모습이 찍혀 있었다. 남자는 팔로 얼굴을 감추고 여자는 남자 쪽으로 얼굴을 돌리고 있어 두 사람 다 얼굴 생김새는 알 수 없다. 그리고 나란히 실린 마리 퀴리와 끝이 살짝 말린 콧수염 남자의 사진과 그 밑의 외설스러운 만화는 그대로였는데 그 만화 옆에 바싹 붙은 남녀의 사진이 실려 있었던 것이다.

"이런 사진, 아까는 없었어."

"저기, 전혀 이해가 되지 않는데요, 설명 좀 해 주세요."

다케시가 기다리다 지친 듯 물었다.

"또 에오윈이 우리를 과거에 데려갔어. 아마도 20세기 초반의 프랑스."

도오루는 프린트한 자료를 보고 자신들이 보고 온 것을 추측해서 이야기하기 시작했다.

"이 신문에 실린 수염 난 남자는 폴 랑주뱅★. 퀴리 부인의 남편인 피에르의 제자인데 퀴리 부부의 집에 빈번하게 드나들었어."

폴 랑주뱅도 수재였던 모양으로 순조롭게 대학교를 마치고 출세해서 서른일곱 살에 소르본대의 교수가 되었다.

"이 랑주뱅과 퀴리 부인이 피에르가 죽은 다음에 연인 관계라고 보도돼서 스캔들이 된 거지."

"남편 죽었다. 그래도 스캔들?"

샨린이 의문스러운 것을 물었다.

★ 1872~1946. 프랑스의 물리학자.

"마리 퀴리는 미망인이었어. 남편을 잃었으니까 일단 독신이었지만 랑주뱅에게는 아내와 자식이 있었어. 그러니까 연인 관계였다면 불륜이지. 그리고 당시 프랑스는 매우 보수적이었대. 남편을 잃고 그 남편의 제자와 그렇고 그런 관계가 됐다고 공격했나 봐."

"지금의 프랑스라면 그런 거 문제되지 않을 텐데요."

"글쎄. 상대에게 처자식이 있으니까 그렇게까지 자유롭진 않을 것 같은데. 어쨌든 진실은 본인들에게 듣지 않으면 모르지만 매스컴이 이걸 연애 가십으로 잡아 낸 거야. 마리는 노벨상 수상자니까 유명하잖아. 노벨상을 받은 사람이 불륜을 하고 있다고 스포츠 신문에 나면 지금 일본에서도 엄청난 이슈가 되지 않겠어?"

마리 퀴리는 여성 최초의 노벨상 수상자이다. 회사원으로 노벨상을 수상한 다나카[田中耕一]★ 씨보다 주목도가 훨씬 높았을 것이다.

"게다가 퀴리 부인은 폴란드 인이잖아. 외국 여자는 떠나라고 비난을 퍼붓고 집에 돌을 던지고 그랬나 봐."

그게 바로 아까의 소동이다.

"안됐어……."

★ 2002년 생물체 속 고분자 단백질 구조를 밝혀내 노벨 화학상을 받았다. 평범한 회사원이었던 그를 일본 열도가 주목했으며, 사회적 신드롬을 일으켰다.

퀴리 부인처럼 외국에 살고 있는 샨린은 그녀가 그런 대우를 받았다고 생각하니 슬퍼졌다.

"우리가 사진에 찍혀 사태가 더욱 악화됐을지 몰라……."

"그럼 이게 형이랑 샨린 씨예요?"

"이런 느낌으로 플래시가 터졌어. 잘 보면 옷도 당시랑 다르고, 체격이나 머리 모양도 다르잖아. 그래도 이 사진은 너무 흐릿해. 그리고 칼라도 아니니까 머리카락 색깔이 다른 것도 모르는 거야. 이렇게 게재됐으면 우리가 마리하고 랑주뱅이라고 착각했을지도 모르지."

"이거, 나."

뒤를 돌아보고 있는 여자를 가리키며 샨린이 말했다.

"두 사람은 정말 불륜이었을까요?"

랑주뱅은 오랜 기간 퀴리 부부의 집에 출입했다. 피에르가 죽었으니 두 사람이 연인 관계가 돼도 이상하지 않지만 좋은 친구이자 동료 연구자였을 가능성도 있다. 남자와 여자라고 해서 꼭 연인 관계로 발전한다고 단정할 수는 없다고 다케시는 생각했다.

"진실은 아무도 몰라. 자료를 읽어 봐도 연인 관계였다고 적힌 것도 있고 매스컴으로부터 일방적으로 공격당했다는 내용도 있어. 본인들이 연인이라고 공식선언하지도 않았고."

설사 연인 관계였다고 한들 그것을 공표하지는 않았을 것이다.

"근데, 이거는?"

샨린이 탁자 위의 잡다한 유품을 가리켰다.

"마리 퀴리, 남편의 물건 잘 간직했다. 사진, 노트, 수첩까지. 남편 물건, 소중하게 했어."

"그래. 그 가방 좀 보여 줘."

도오루는 낡은 가죽 가방을 손에 들고 잘 살펴보면서 어떤 사진과 비교했다.

"역시 이거야."

도오루는 한 장의 사진이 실린 종이를 탁자 위에 펼쳤다. 그곳에는 자동차로 신혼여행을 가는 퀴리 부부의 모습이 찍혀 있었다.

"이게 왜?"

"피에르의 자동차 앞에 가방이 있잖아. 그것과 이 가방이 같은 모양이야."

"그럼……."

"분명히 피에르가 사고로 죽었을 때, 이 가방을 챙긴 거야. 그리고 그 안에 피에르의 추억이 담긴 것을 넣어 둔 거지."

"그렇다면 그걸 매스컴에 보여 줬으면 좋았을 텐데. 나는 이렇게 남편의 물품을 소중히 간직하고 있습니다, 잊지 않았습니다, 라고 말하면 되잖아요."

"······그건 할 수 없었을 거야."

어째서 이렇게 됐는지 도오루는 스스로를 책망하면서 머리를 감싸 쥐었다.

"어째서요?"

"생각해 봐, 가방이 여기에 있잖아. 우리들이 들고 와 버렸다고. 가방이나 그 안에 모아 둔 물건을 보여 주려 해도 없어졌으니 보여 줄 수가 없어."

"그럼······ 오해를 풀어 줄 수 있는 유품을 들고 와 버렸다는 겁니까?"

"이야기가 그렇게 되네."

"게다가 둘이 붙어 있는 사진까지 찍혀 버렸다."

"사실은 마리와 랑주뱅이 아니고 우리들인데 말이지."

"불륜 보도를 보강하는 재료까지 제공했다는 거죠?"

"그렇게 되네."

"최악의 사태네요."

다케시가 시원스레 마지막 일격을 날렸다.

"아, 진짜! 우리 잘못이 아니야! 에오윈이 데려가니까! 가방을 잡아당긴 것도 에오윈이야. 야, 에오윈! 이 사태 어떻게 할 거야!"

도오루가 큰 소리로 에오윈을 찾았지만 에오윈은 소파에서 뒹굴거리면서 얼굴을 씻고 있었다. 닭고기도 먹었겠다,

녀석은 기분이 좋은 모양이었다.

"저 녀석…… 속 편하게 얼굴이나 씻고 말이야."

"어쩔 수 없어. 에오윈, 일부러 그런 거 아니야. 그치?"

샨린이 에오윈을 감싸며 옆으로 가 털을 쓰다듬어 주었다.
에오윈은 만족스러운지 갸르릉갸르릉 목을 울렸다.

"샨린은 에오윈한테 너무 후하다니까."

도오루가 투덜투덜 불평을 터뜨렸다.

"정리해야 해. 밥 내올게."

"뭐, 어쩔 수 없긴 하지. 밥이나 먹자. 밥은 뭐야?"

"파에야★. 디저트는 당근 케이크"

"먹자, 먹자고. 이번 일은 이제 끝!"

샨린이 피에르의 유품을 조심스레 가방에 넣었다. 그리고
마리 퀴리의 생애에서 가장 행복했던 시간의 추억이 담긴 물
건과 겨우 십일 년간이었던 두 사람의 결혼 생활의 추억을
소중히 어루만졌다.

식사를 마치고 다케시가 돌아간 후 정리를 끝내고 침대에

★ 스페인의 전통 요리로 해산물을 재료로 한 일종의 볶음밥이다.

들어온 샨린은 도오루에게 키스하면서 속삭였다.

"나 두고 가지 마."

"응?"

"나 외톨이로 만들지 마."

"당연하지. 항상 같이 있을 거야."

"약속?"

"약속할게. 우리 언제나 같이 있자."

샨린과 결혼해야지. 그리고 평생 같이 살아야지. 샨린을 반드시 행복하게 해 줘야지.

도오루는 샨린을 꽉 안으면서 마음속으로 맹세했다.

거실에서 에오원이 무엇인가를 또르르르 굴리면서 노는 기척이 난다. 양손으로 잡고 굴리고는 쫓아가서 잡는다. 그것은 피에르의 유품 중 하나로 샨린이 깜박하고 가방에 넣지 않은 만년필이었다.

에오원은 눈동자를 반짝반짝 빛내면서 계속 만년필을 가지고 놀았다. 다음에는 두 사람을 어디로 데려갈지 점이라도 치는 것처럼.

7

친애하는 아인슈타인이여

사랑의 행방과 미래

"지식보다 상상력이 훨씬 중요하다."
– 알베르트 아인슈타인(Albert Einstein)

"있잖아, 샨린."

도오루는 고야참플★을 집으며 아무렇지도 않은 척 이야기를 꺼냈다.

"왜에?"

샨린은 미미가★★를 집던 젓가락을 멈추고 도오루를 보았다. 샨린이 아파트로 돌아가는 밤이면 밖에서 식사를 하고 도오루가 샨린의 아파트까지 바래다주는 일이 요즈음의 습관이 되어 있었다. 오늘은 역 건물 안에 있는 오키나와 식당에 들어왔다.

★ 오키나와를 대표하는 볶음 요리. 쓴맛이 특징인 고야와 두부, 계란 등을 넣고 같이 볶아 먹는다.
★★ 돼지 귀 껍질을 이용한 오키나와 요리.

"슬슬 우리 집으로 이사하지 않을래?"

도오루가 샨린의 눈을 보지 않고 말했다. 아니나 다를까 샨린이 움직임을 멈췄다.

"……나 바래다주는 거, 성가셔?"

샨린이 불안한 목소리로 물어 왔다.

"아니야. 그런 것 때문이 아니야."

"그럼, 왜?"

도오루는 오늘 자신의 마음을 제대로 전달하고 샨린의 마음을 제대로 들을 결심을 하고 있었다.

"나 너랑 결혼하고 싶어."

"……"

샨린이 젓가락을 내려놓고 시선을 피했다. 엎드려 고개를 숙이고 무엇인가를 견디기라도 하듯 눈을 감았다.

"지금 당장은 아니야. 그렇지만 나는 너하고 결혼하고 싶어. 평생 함께 지내고 싶어."

샨린은 무슨 생각을 하는지 여전히 아무 말이 없다.

"그렇지만 결혼하는 데 저항감이 있다고 생각해. 그러니까 예비 기간으로 먼저 같이 살고 싶은 거야."

"예비 기간?"

드디어 샨린이 입을 열었다.

"그래. 실제로 같이 살아 보고, 역시 나하고 같이 살 수 없다고 생각하면 어쩔 수 없다고 생각해. 그렇지만 혹시 같이 살아 보고 그대로 계속 같이 있고 싶다는 생각이 들면 그때 나랑 결혼해 주면 좋겠어."

도오루 생애 첫 프러포즈였다. 지금까지 연인이 없지는 않았지만 결혼을 생각한 사람은 샨린이 처음이다. 조금 더 멋진 곳에서 말하고 싶었지만 어쩌다 보니 이 식당이 되어 버렸다.

"……."

샨린이 다시 입을 닫아 버렸다.

"계속 같이 있고 싶어. 우리 둘이 함께 행복해지고 싶어. 샨린, 나를 어떻게 생각해? 앞으로 어떻게 하고 싶어?"

도오루는 용기를 내 질문했다. 샨린의 진심을 들어서 좋은 결과를 얻을 수도 있지만 반대로 나쁜 결과를 얻을 가능성도 있다. 지금까지의 샨린을 생각해 보면 그렇게까지 같이 사는데 집착한다면 나 헤어질래, 라고 말할지도 모른다.

그래도 도오루는 지금 듣지 않으면 안 된다고 생각했다. 바로 전남편의 존재 때문이다. 그 남자가 샨린의 직장에 나타났었는데 최근에 샨린은 그 직장을 그만두었다. 다음으로 그 남자가 노릴 곳은 분명 아파트일 것이다. 샨린은 그 사람이 아파트를 알고 있다고 말했다.

그래서 샨린을 집으로 돌려보낸 날이면 도오루는 걱정으

로 잠을 이룰 수 없었다. 혹시 그 사람이 아파트에 찾아와 만에 하나 샨린이 또 잡히면 어떻게 하나 싶어 뜬눈으로 밤을 지새우기 일쑤였다. 그래서 가능하다면 샨린을 이사 오게 해서 안전을 확보하고 싶었다.

결혼하고 싶은 마음은 물론 진심이지만 무엇보다 지금 샨린에게서 한시라도 눈을 떼기가 무서운 것이 사실이다.

"……나, 나, 도루 정말 좋아해. 항상 같이 있고 싶어. 그래도……."

"그래도?"

"나…… 결혼, 실패. 잘 되지 않았어. 아무것도 잘 되지 않았어. 행복해지지 않았어."

"그건 네 탓이 아니잖아."

"나 참았으면 좋았다. 계속 견뎠으면 좋았다. 그래도 참지 못했어."

"어째서 너만 참아야 하는 거야? 부부라면, 서로 참고 견뎌야 하잖아? 너만 참고, 그 사람은 마음대로 하는 건 불공평하잖아."

"불공평?"

"언페어라고."

"언페어……? 그거는, 언페어야?"

의외의 대답이 돌아왔다. 도오루는 샨린에게는 부부라면

서로 참고 견뎌야 한다는 발상이 없는지 궁금해졌다. 그에
비하면 평소의 샨린은 제멋대로이기도 하고 싸움도 한다.

"남편, 곤란해. 부인, 도와줘. 아니야?"

꽤나 봉건적이라고 할까 옛날 사람 같다고 할까, 어쨌든
현대 일본을 살아가는 젊은 부부의 사고방식과는 꽤 동떨어
진 의견을 샨린이 말했다. 혹시 부모님이 그럴지도 모른다.
그런 모습을 보고 자랐다면 샨린에게는 그런 부부관계가 당
연할지도 몰랐다.

"음……. 그럴지도 모르지만 말이야, 정도라는 게 있잖아?
무리한 건 무리한 거니까. 부부라면 기브 앤 테이크가 좋잖
아. 적어도 난 그렇게 생각해. 그래서, 안 돼? 아니면 아직 그
사람이 좋은 거야?"

"노, 노! 그건 아니야. 절대, 아니야."

"그럼 왜 안 되는 거야?"

"안 되는 거랑 달라. 다르지만……. 나, 도루 해피하게 못
해 줄지도 몰라."

"어째서?"

"나라서. 나랑 다른 사람, 분명히 해피하게 될 거야. 하지
만, 나는, 안 될지 몰라."

"그러니까 왜 그렇게 생각하는데?"

"……나, 잘 되지 않았으니까. 참지 못했으니까. 그러니까

또 안 될지 몰라."

테이블에 눈물이 뚝뚝 떨어졌다. 샤린이 어깨를 떨었다. 행복해지리라 믿고 결혼했는데, 잘 되지 않았다. 그것이 자신의 인내가 부족했던 탓이라고 말하고 있다.

"있잖아, 샤린."

도오루가 젓가락을 내려놓고 샤린의 손을 잡으며 말했다.

"그건 네 탓이 아니야. 상대가 나빴던 거야. 너도 사람이잖아. 아무리 노력해도 못 참겠는 것이 있는 게 당연해. 그걸 억지로 참게 하는 쪽이 나쁜 거야. 그리고 말이야."

도오루가 몸을 앞으로 내밀고 잡은 손에 힘을 주며 고개 숙인 샤린에게 호소하듯 말했다.

"우리들이 만난 날 기억해? 나는 이 손을 꼭 잡았잖아. 놓지 않았어. 그러니까 이제 두 번 다시 놓고 싶지 않아. 계속 손잡고 행복하게 지내고 싶어. 샤린은 어때? 이 손을 놓고 다른 사람한테 가 버릴 생각이야?"

샤린이 천천히 얼굴을 들었다. 눈물로 젖은 뺨과 슬프지만 다정한, 그리고 달빛을 머금은 듯한 눈동자가 도오루의 눈에 한가득 들어왔다.

"어디에도, 가지 않아……. 계속 도루 옆에 있고 싶어."

'앗싸!'

도오루는 마음속으로 쾌재를 불렀다. 하지만 그 기쁨을 표정으로 드러내지 않고, 계속 진지한 얼굴로 이야기했다.

"그럼, 우리 이제 같이 사는 거야?"

눈물을 흘리고 있지만 분명하게 환한 미소를 지은 샨린이 말없이 고개를 끄덕였다.

주위에서는 많은 손님들이 큰 소리로 웃고 떠들며 술잔을 주고받았다. 그 안에서의 프러포즈. 이보다 어울리지 않는 장소도 없지만 도오루는 드디어 샨린에게서 같이 살자는 말을 들었다.

"해피해지자. 꼭. 약속할게."

도오루가 쥔 손을 흔들며 다시 한 번 샨린에게 맹세했다. 샨린은 몇 번이고 고개를 끄덕였고 그럴 때마다 손목의 팔찌가 소리를 냈다.

"어? 그 팔찌에 달려 있는 거 뭐야?"

팔찌에 뭔가 장식이 달려 있다. 은색의 체인에 작은 방울과 무슨 마스코트 같은 것이다.

"응? 이거?"

샨린은 자신의 손목을 보고 도오루의 얼굴을 말끄러미 쳐다보았다.

"도루, 이거 계속 몰랐어? 지금 알았어?"

"응."

샨린이 쿡쿡 웃기 시작했다. 무엇이 이상하다는 건지 도오루는 알 수가 없었다.

"나 이거 계속 하고 있었어. 푼 적 없어. 도루, 몰랐어?"

도오루는 전혀 눈치 채지 못했다. 샨린은 귀걸이나 목걸이를 자주 바꾸기 때문에 지금까지 어떤 걸 했는지 주의 깊게 본 적이 없었다.

"지금 처음 알았어."

"벌써 일 년도 더, 같이 있었는데."

샨린이 웃으면서 살짝 도오루를 흘겨보는 척했다.

"워낙 액세서리를 잔뜩 가지고 있으니까……."

그저 그중 하나라고 생각했다.

"체인은 나중에 샀어. 그래도 이건 계속 가지고 있었어. 어릴 때부터 지금까지."

샨린이 사랑스러운 듯 그 장식을 만졌다.

"어릴 때 절에 갔다. 정월, 참배할 때. 동물 모양 돌, 장식. 많이 있는 절. 엄마한테 이거 사 달라고 했어."

"엄마가 사 주신 거구나."

"우리 엄마, 별로 선물 주지 않아. 생일, 정월, 아무것도 없었어. 하지만 이건 사 줬다. 그래서 소중해."

샨린은 조금 쓸쓸한 듯 말했다. 그다지 부모님께 어리광을 부린 적이 없었던 것이다.

"다시 보여 줘."

도오루가 그렇게 말하자 샨린이 팔찌를 풀어 도오루에게 건넸다. 샨린이 열쇠고리 같은 물건에서 빼낸 다음 궁리해서 붙인 것이다. 사실 고급스러운 디자인의 체인에는 그다지 어울리지 않았다. 새끼손가락 끝 마디 정도로, 작은 방울 크기의 고양이가 둥글게 말고 있는 장식이 달려 있었다.

"고양이 모양이네."

"나 먀오 좋아하니까. 내가 고른 거야."

도오루는 샨린의 손목에 팔찌를 조심스럽게 채워 주었다.

"그럼, 이거 무지 소중하게 다뤄야겠다."

"응."

'조만간 커플 반지도 사자. 그리고 언젠가 약혼반지를 선물할게. 그 반지를 끼고 대만에 있는 샨린의 부모님께 인사하러 가야지.'

도오루는 마음속으로 두 사람의 앞날에 대한 행복한 상상의 나래를 펼쳤다.

"건배하자. 앞으로 같이 사는 기념으로."

"응."

두 사람은 잔을 마주쳤다. 산핀차*와 오리온 맥주, 이 상황에 너무나도 어울리지 않는 음료였다.

★ 오키나와의 대중식당이나 슈퍼마켓에서 쉽게 마실 수 있는 재스민차.

"언제 이사할 수 있을까?"

"음. 집주인 아저씨한테 연락해. 한 달은 걸릴 거야."

"그렇겠지. 그렇지만 먼저 짐을 옮기고 집을 비우는 날만 만나는 방법도 있어."

아직 월초이다. 집세도 그만큼 낭비하지 않을 것이다. 이번 달치와 남은 날 집세의 일부를 치르면 된다.

"정리해야지. 짐 정리하는, 시간 필요해."

"그럼 빨리 부동산에 연락하고 조금씩 짐을 합치자. 필요한 것은 조금씩 옮기고. 그리고 마지막에 트럭 빌려서 남은 거 전부 옮기면 돼."

"그래."

이렇게 샨린이 이사하기로 결정되었다. 가게를 나와 아파트에 샨린을 데려다 주는 길에서도 두 사람은 어떤 순서로 짐을 옮길지 언제 집을 나올지 이야기했다.

아파트 입구에 도착하자 도오루는 주변을 주의 깊게 살폈다. 샨린의 전남편이 기다리고 있지는 않은지 걱정되었다.

"그럼, 내일 또 갈게."

"응. 기다릴게."

두 사람이 키스를 하자 샨린이 문을 잠갔다. 우선 이것으로 안심이다. 도오루는 일부러 멀리 돌아서 맨션에 돌아왔다. 샨린이 집을 나와도 전남편이 도오루의 맨션을 알게 되면 애써 세운 계획이 무산된다.

집에 들어온 도오루는 소파 위에 길게 배를 깔고 누워 있는 에오윈의 몸을 쓰다듬으며 속삭였다.

"샨린이 계속 여기에 있게 됐어. 너도 좋지?"

에오윈은 마치 대답을 하는 것처럼 목을 갸르릉갸르릉 울렸다. 도오루는 얼마 동안 에오윈의 몸에 얼굴을 댄 채 그 기분 좋은 소리를 들었다.

이사는 삼 주 뒤에 하기로 결정했다. 부동산에서 신경을 써 주어 월말에 집을 나올 수 있게 해 주었다. 샨린은 당장 도오루의 집에 올 때마다 필요한 것들을 조금씩 가져왔다. 대부분이 일할 때 쓰는 것이었다. CD와 운동복, 그리고 평소 입는 옷과 속옷인데 많지는 않았다.

이사 당일에는 다케시에게 도움을 청했다. 도오루는 소형 트럭을 빌려 샨린의 아파트에 갔다. 샨린이 쓰던 가구는 정말 단출했다. 작은 테이블과 옷장, 소파 침대는 대형 쓰레기로 버렸다. 커튼을 떼고, 카펫을 돌돌 굴려 말고, 방석 대용 쿠션을 싣고 나면 이제 벽장 안의 것만 남는다.

하지만 그것들이 만만치 않았다. 정확히 말하면 하나하나 작은 물건이지만 양이 엄청났다. 벽장에는 책이 담긴 종이 상자가 산더미처럼 쌓여 있었다. 대부분이 미스터리, 판타지, 엔터테인먼트 소설이라 크기는 작지만 하드커버로 되어 있었고 일에 필요한 매뉴얼 북 같은 것도 양이 꽤 많았다.

"우와, 이거 엄청나네."

밑이 터질 것 같은 종이 상자를 셋이 나눠 들고 힘을 합해 트럭에 실었다. 하지만 다케시는 힘이 세지 않아서 그다지 도움이 되지 않았다.

"이거, 도루 책장, 들어가?"

"음……. 잘 모르겠네. 전부는 안 들어갈 것 같아."

도오루가 책을 옮기는 사이 샨린이 방 청소를 끝내고 깜박 잊은 물건이 없는지 점검했다. 그리고 부동산에 열쇠를 건네 주고, 이번에는 도오루의 맨션으로 가서 다시 종이 상자 옮기기를 반복했다.

"이럴 줄 알았으면 어디서 손수레라도 빌려 올걸."

도오루가 헉헉거리면서 트럭과 집을 수없이 왕복했다. 도오루의 집은 팔 층이었다. 물론 엘리베이터가 있지만 도오루의 집은 엘리베이터에서 제일 먼 구석에 있다. 전부 다 옮기자 도오루는 정말 완전 연소된 기분이었다.

"좀 쉬다 하지 않을래? 나 정말 힘들어. 뭐 시켜 먹자."

샨린도 지친 것 같아 피자를 주문해 점심을 먹었다.

"이 책, 전부 정리될까요?"

다케시가 산더미처럼 쌓인 종이 상자를 바라보면서 지레 질린 듯 말했다.

"우선 책장을 정리해야지. 그리고 들어가는 만큼 넣고 남는 건 일단 상자에 둬야겠네. 조만간 책장을 하나 더 사자."

분량으로 봐서는 아무래도 지금 있는 책장에 전부 들어가지 않을 것 같다. 샨린이 이렇게 책을 모아 두었는지 도오루는 전혀 몰랐다. 책을 좋아하는 것은 알고 있었지만 이렇게 많이 있으리라고는 생각도 못 했다.

피자를 다 먹고 한숨 돌리고 난 뒤에 다시 책을 정리했다. 이번에는 도오루의 책장 정리부터 시작했다. 도오루도 소설부터 일에 필요한 자료까지, 꽤 많은 양의 책을 가지고 있었다. 크기별로 책장 단의 위치를 바꿔 어떻게든 공간을 만들어 봤지만 역시 전부 들어가지는 않는다.

열심히 정리하는 사이 에오윈이 서재에 와서 상자에 들어가 놀기 시작했다.

"요 녀석, 이렇게 바쁜데 왜 방해하는 거야?"

에오윈은 상자에 숨어 눈을 빛냈다. 재밌어서 어쩔 줄 모르겠다는 표정이다. 고양이는 꼭 바쁠 때만 방해를 하는 동물이다.

"아아, 진짜……. 그럼, 계속 거기 숨어 있어. 그리고 발톱갈지 마."

말이 끝나기 무섭게 에오윈이 책을 발톱으로 찢기 시작했다. 이빨로 물어 뜯어서 쓰레기를 만들어 놓았다.

"에오윈! 그거 안 돼!"

샨린이 당황해서 책을 집었다. 고양이란 이런 동물이다.

"안쪽 책도 정리할 테니까 조금만 기다려."

도오루가 여러 가지 책을 빼내고 꽂고 하다가 갑자기 큰 소리를 냈다.

"아! 여기 있다!"

"뭐가?"

"뭐가 있는데요?"

도오루가 책장 안쪽에서 책 한 권을 꺼내 들었다.

"계속 찾아도 없어서 잃어버렸다고 생각했는데 여기 있었네. 다행이다. 다시 안 사도 되니까."

"무슨 책?"

"아인슈타인★의 자전노트."

"아인슈타인 잔뜩이야."

도오루가 책장에서 꺼내 놓은 책 중에는 아인슈타인과 관련된 책이 많았다. 상대성 이론에 대한 두꺼운 전문서부터

★ 1879~1955. 1922년에 1921년도의 노벨 물리학상을 수상했다.

아인슈타인의 생애를 그린 읽을거리까지 종류도 다양했다.

"난 팬이니까."

도오루가 책을 펼쳤다. 책을 좋아하는 사람이 책 정리를 시작하면 반드시 중단된다. 다시 읽고 싶은 책이 나오면 책 정리가 아닌 책 읽기가 되어 버리기 때문이다.

"자전이라면 어떤 내용이 적혀 있어요?"

"자신의 연구나 그 성과 같은 것."

"사생활 같은 건 안 적혀 있어요?"

"거의 없지. 그러고 보니 다른 사람이 쓴 거에는 있어."

도오루는 다시 다른 책을 집어 들고 책을 펼쳤다.

"이 사람이 첫 부인 밀레바. 아들 사진도 같이 있네."

"처음?"

샤린이 물었다.

"응. 밀레바는 아인슈타인의 대학교 시절 동급생인데 학생 때 결혼했어. 근데 이십 년 정도 지나서 헤어지고 그 다음에 사촌 엘자와 재혼했어. 아인슈타인은 꽤 여자를 좋아했던 것 같더라고. 이런저런 구설수도 많았거든."

"아인슈타인 그런 사람?"

샤린이 조금 싫은 표정을 지었다. 영웅호색이랄까, 샤린은 그런 남자를 덮어놓고 싫어한다. 그것도 전남편의 행태가 원인이다. 그 남자는 부인이 있는데도 만남 사이트 같은 데를 이용해서 빈번하게 여자를 만나고 다녔다.

"그건 버릇 같은 거니까 그만두라고 해도 그만둬지지 않잖아. 이혼의 원인이 그것뿐은 아니라고 생각하지만."

"원인이 뭐였을까요?"

"아인슈타인이 독일에 가게 되었을 때 당시의 독일에 같이 가기 싫어서 헤어졌다는 게 통설인데 그래도 아마 그것뿐만은 아니었을 거야. 밀레바는 당시로는 드물게 대학에도 가고 유학을 했던 재원이었어. 머리가 좋은 여성이었지. 그래도 대학을 졸업하지는 못했지만."

"왜? 머리 좋은 사람. 그런데 졸업 못 해?"

샨린은 대학에 다니지 않아 대학의 정책을 잘 모르지만 머리가 좋아도 졸업을 못 하는 경우는 종종 있다.

"아이가 생겼기 때문이야."

"아이?"

"요즘 말하는 '속도위반 결혼'인데, 둘은 더군다나 학생이었어. 임신, 출산을 견디면서 졸업시험을 준비하기는 어렵잖아? 밀레바는 분명 울며 겨자 먹기로 그만뒀을 거야. 그러니까 이후에 상대성 이론의 아이디어는 밀레바가 생각해 냈다는 소문도 생기지 않았을까 싶어."

눈앞에 확실한 목표가 있는데 몸이 변해 간다. 배는 한 달 한 달 지날수록 불러 오고 그것이 멈출 가능성도, 없었던 일로 할 수도 없다. 밀레바는 졸업 시험에서 두 번 떨어졌다. 그리고 졸업을 포기했다.

"부인이 상대성 이론을 생각해 냈다는 소문이 있었어요?"

"단지 소문이지만. 그만큼 밀레바가 우수한 여성이었다는 반증 아닐까?"

"그때의 아기가 이 사람?"

샨린이 펼쳐진 책을 손가락으로 가리키며 도오루에게 물었다.

"아니야. 이 사람은 첫째 아들 한스 알베르트고 이 사람은 둘째 아들 에두아르트야. 첫 아이는 리젤이라는 여자 아이인데 이 아이의 존재는 베일에 싸인 수수께끼로 남아있어."

"수수께끼?"

"베일에 싸여 있다니요?"

샨린과 다케시가 차례로 물었다. 그에 부응해 도오루가 자신만만하게 이야기를 시작했다. 아인슈타인에 관해서라면 무엇이든지 물어봐 줘, 라는 느낌으로 책 정리는 이미 뒷전이다.

이제 슬슬 해가 저물기 시작하는데 아무도 이를 신경 쓰지 않았다.

"리젤이라는 여자아이의 존재는 계속 비밀이었어. 아인슈타인이 죽은 뒤 밀레바와 아인슈타인의 왕복 서간이 알려지면서 밀레바가 리젤이라는 여자아이를 낳았다는 사실이 처음으로 세상에 알려졌어."

"네? 그래도 보통 출생 신고서 같은 거 내잖아요?"

다케시는 상식적으로 생각할 수 있는 성실한 질문을 했다.

"보통은 그렇지. 그렇지만 이 아이의 경우는 그렇지 않았어. 출생 신고서가 없는 거야. 밀레바의 사생아랄까."

"어째서?"

"이유는 알려지지 않았어. 원래부터 아인슈타인과 밀레바의 결혼은 시작부터 반대에 부딪혔는데, 종교상의 이유 때문에. 꼭 그래서는 아닐지 모르지만 실력 행사라고 할까, 사고라고 할까, 먼저 아이가 생겼어. 보통 그러면 어쩔 수 없다고 생각하지만 그렇게 안 되었던 거야."

"어째서요?"

"밀레바는 자신의 친정집에 돌아가서 출산했는데 아인슈타인이 자신의 아이를 만나러 가지 않은 모양이더라고. 편지 내용으로 보면 말이지."

당시 아인슈타인은 베를린에 있었는데, 밀레바는 남형가리의 친정집에 있었다. 바로 코앞의 가까운 거리는 아니지만 바다를 항해해야 할 정도의 거리도 아니다. 하지만 밀레바에게 보낸 아인슈타인의 편지를 보면 실제로 만나지는 못하고 아이의 상황을 물어보고 그 질문에 대답하는 느낌이었다.

"그리고 리젤은 성홍열에 걸렸대. 목숨은 건졌는데 뭔가 문제가 일어난 거지."

"문제라니요?"

"어떤 문제인지는 몰라. 그렇지만 아마도 열 때문에 심한 장애가 남지 않았을까."

"안됐다……."

샨린이 작게 중얼거렸다.

"그뿐 아니라 리젤의 존재는 가족 이외의 누구에게도 알려지지 않은 채, 아무래도 어린 나이에 죽은 모양이야."

"죽은 것 같다는 건 뭐예요?"

"사망 신고서가 없어. 그러니까 생사가 분명하지 않아. 태어나서 죽을 때까지 리젤은 이 세상에 없는 사람이었어. 아인슈타인이 죽고 삼십 년이나 지나 부부의 왕복 서간이 발견되기 전까지는."

"그거, 너무해……."

지금 생각해 보면 확실히 샨린 말대로 너무한 이야기이다. 하지만 아마도 세간에 공표하지 못한 이유가 부부 사이에, 그리고 리젤 자신에게 있었을 것이다.

"그런 게 이혼의 이유이지 않을까요?"

다케시가 납득했다는 듯 말했다.

"음, 그래도 아인슈타인과 밀레바의 결혼 생활은 이십 년 가까이 이어졌어. 불쌍한 리젤이 원인이었다면, 더 빨리 이혼하지 않았을까? 그 뒤에 아들을 두 명이나 더 낳았고."

"아, 그런가요."

"그런데……."

도오루가 조금 망설이며 다시 입을 열었다.

"둘째 아들 에두아르트도 불행한 인생을 살았어. 에두아르트는 머리도 매우 좋고, 시와 음악에도 재능이 있었다고 해. 그렇지만."

"그렇지만?"

"스물세 살 정도에 통합실조증을 겪으면서 쉰다섯 살에 죽었어."

"저런……."

"통, 합, 실, 조, 증?"

샨린은 이런 전문 용어에 익숙하지 않았다.

"통합실조증은 문자 그대로 여러 가지를 하나로 정리할 수 없게 되는 거야. 제대로 의미가 통하는 문자를 쓸 수 없다든가 말을 해도 어눌하고, 그러니까 무슨 말을 하고 싶은지 모르는 증상을 보이게 돼."

"그럼, 아인슈타인 자식 한 명?"

장남인 한스 알베르트만은 부친과 같은 대학교를 나와서 박사 학위를 받았다.

"그렇긴 한데 한스 알베르트는 대부분 밀레바와 함께 살아서 아인슈타인과는 그다지 교류가 없었어. 아인슈타인이 나이 들면서 다시 만나기는 한 것 같지만. 아인슈타인은 과학적인 공로 면에서는 엄청나게 복 받은 사람이지만 가족 운은 없었던 것 같아."

"그거, 자업자득. 아니야?"

샨린은 아무래도 아인슈타인의 여성 편력이 마음에 들지 않았다.

"그렇게 말하면 할 말 없지. 그런데 밀레바도 대단해. 이혼 조건이 앞으로 수상할 노벨상 상금을 달라는 거였거든. 아직 수상할지 어쩔지도 모르는 단계였어. 그 정도로 남편의 재능을 높이 평가했다고도 할 수 있지만."

그때 조금 전까지 종이 상자에 들어갔다 나왔다 하며 놀던 에오윈이 갑자기 바닥에 펼쳐져 있던 책 위에 올라갔다.

"이 녀석! 이 책은 중요한 거니까 얼른 내려와."

도오루가 에오윈을 비키게 하기 위해 회색 몸에 손을 댄 순간, 서재에 들어오던 석양이 사라지고 어슴푸레한 방 안에서 비취색 눈동자가 빛났다. 그리고 미지근한 바람이 닫혀 있는 창문에서 불어오면서 커튼이 펄럭이기 시작했다.

"에오윈, 또 가는 거야?"

"다케시 씨는?"

다케시를 보니 그는 방금 전 자세 그대로 꼼작 않고 멈춰 있다. 바람이 점점 강해져 서재 구석에 있던 파지*를 말아 올리며 책장을 넘겼고, 어둠이 바람에 호응하듯 두 사람을 감싸 안았다.

　"도루!"

　샨린이 도오루에게 매달렸다. 도오루는 샨린의 어깨를 안은 채 붕 하고 몸이 들리는 것을 느끼며 그대로 암흑 속으로 빨려 들어갔다.

　"복도?"

　샨린이 작게 중얼거렸다.

　"그런 것 같아."

　도오루도 작은 목소리로 대답했다. 두 사람은 조금 낡은 양탄자가 깔린 좁고 긴 복도에 서 있었다. 왼쪽에 하나, 정면에 하나, 문이 조금 열린 방이 있다. 오른쪽 문은 꼭 닫혀 있다. 왼쪽 방 문틈으로 포근한 빛이 가늘게 복도에 비쳐 들었다. 위쪽에서는 작은 새가 지저귀는 소리가 들린다.

★ 못 쓰게 된 종이.

"어쩔 거야?"

샨린이 물었다.

"어쩔 거냐니……. 어느 방으로든 들어가야겠지. 에오윈을 찾아봐. 항상 그 녀석이 데리고 왔다가 데려가니까."

"그러네."

샨린이 수긍하는데 두 사람 사이로 에오윈이 지나쳐 걸어 갔다.

"뭐냐, 거기 있었어."

에오윈은 왼쪽 방에는 눈길도 주지 않은 채 곧바로 정면에 있는 방으로 향했다. 그리고 한쪽 발톱으로 문틈을 열어 그 대로 슬쩍 방에 들어가 버렸다.

"어쩌지?"

샨린이 다시 같은 말을 했다.

"들어가야지 뭐."

도오루도 좀 전과 비슷한 말을 중얼거리고 샨린을 재촉해 정면에 있는 방문을 살짝 열었다.

거실이었다. 커다란 낮은 테이블, 긴 소파 그리고 난로도 있다. 전등 불빛이 램프 갓을 통과해 아련한 원을 그리고 있 었다. 두꺼운 커튼 사이로 투명한 유리 같은 빛이 방을 비췄 다. 그곳에 초로의 남자 한 명이 소파에 걸터앉아서 무릎에 양 팔꿈치를 대고 머리를 감싸고 있었다.

에오원이 그 남자에게 다가가 바지 끝자락 냄새를 킁킁 맡고 몸을 늘여 남자의 무릎에 두 발을 댔다. 남자는 기척을 느끼고 시선을 옮겨 에오원을 보더니 천천히 얼굴을 들었다.

"아인슈타인이다!"

도오루가 작게 소리 질렀다. 그 목소리를 알아차린 아인슈타인이 두 사람 쪽으로 얼굴을 돌렸는데 그 동작이 몹시 느렸다. 얼굴이 까칠했다. 눈 밑에 그늘이 지고 어깨는 늘어져 그야말로 초췌해 보였다.

"자네들은 누군가? 신문 기자라면 돌아가 주게. 이야기할 건 아무것도 없네."

아인슈타인이 낮은 목소리로 말했다.

"아, 아니요……. 신문 기자는 아닙니다."

도오루가 너무나 긴장한 나머지 횡설수설 대답했다. 학창 시절부터 엄청난 팬이었던 아인슈타인이 눈앞에 있다. 그리고 자신에게 말을 걸었다. 이 엄청난 상황에 심장이 입에서 튀어나올 지경이었다.

"그렇다면 자네들은 누구인가? 어디로 들어왔는가?"

"저…… 저기……. 현관으로."

이십일 세기에서 복도로 도착했다고는 말할 수 없다. 양자 같은 고양이가 시공을 초월해 자신들을 데려왔다고 말해도 믿어 주지 않을 것이다. 아인슈타인은 양자론을 인정하지 않았으므로 더더욱 그럴 것이다.

그 말을 들은 아인슈타인이 쿡쿡 낮게 웃었다.

"상당히 거짓말을 잘하는군."

"……."

그런 말을 들으니 대답할 말도 없었다.

"나는 건망증이 심하지만 엘자는 매일 밤 문이 제대로 잠 겼는지 확인한다네. 현관은 굳게 잠겨 있을 텐데."

"죄, 죄송합니다."

한 번에 거짓말이 드러났으니 이보다 곤란한 일도 없다.

"그래서 자네들은 누구며, 뭘 하러 왔는가?"

아인슈타인이 몸을 일으켜 둘을 찬찬히 보았다.

"저, 저희들은 일본에서 왔습니다. 저는 도오루, 이쪽은 샤 린이라고 합니다. 저, 다, 당신의 왕 팬입니다, 너무나도 만 나고 싶어서……."

평소 '저'라는 말은 쓰지도 않는 도오루는 더욱 더 입이 돌 아가지 않게 되었다. 물론 왕 팬이기도 하고 만나고 싶었다 는 것도 거짓말은 아니지만 말이다.

"만나고 싶어 온 것치고는 꽤나 이른 시간이군."

그 말을 듣고 방 안의 시계를 찾아보니 세상에, 아침 다섯 시 삼십분이었다.

"죄, 죄송합니다……. 이런 시간에 실례를 범하다니……."

그야말로 죄송할 따름이었다. 그렇지만 아인슈타인은 확실히 늦게까지 잠을 자는 사람이었다. 이런 시간에 일어나 있다는 것은 평소와 다르다는 증거였다. 그보다 한잠도 자지 않는 모습이다. 눈 밑의 그늘이 그 증거였다.

"그런데 자네들은 어디로 왔나? 현관도 창문도 확실히 잠겨 있는 집에 말일세."

아인슈타인의 질문을 듣고 도오루와 샨린은 얼굴을 마주보았다. 제대로 진실을 말해야 할지 아니면 어떻게든 얼버무려야 할지 잠시 고민했다. 하지만 속이려 해도 핑계가 생각나지 않았다. 도오루는 어쩔 수 없이 사실을 털어놓기로 결심했다.

"저기 말입니다. 믿어 주지 않으셔도 전혀 상관없는데요."

"그건 듣고 나서 판단하지."

"저…… 그럼 이야기하겠습니다. 저희들은 시간을 조금 거슬러 여기에 왔습니다. 정신을 차리고 보니 복도에 있었습니다."

"시간을 거슬러 왔다?"

"지금은 몇 년입니까?"

"1935년일세."

"그렇다면 칠십 년 정도 후의 시대에서 왔습니다."

"그 말을 믿으라는 건가?"

아인슈타인이 정말로 이상하다는 듯 웃었다.

"아, 아니요. 믿어 주지 않으셔도 괜찮습니다. 단지 저희들한테는 그게 진실이라서 말씀을 드리는 겁니다."

"그럼 묻네만, 나는 몇 살에 죽는가?"

아인슈타인이 날카로운 시선으로 도오루에게 물었다. 도오루는 말문이 막혔다. 간단히 대답할 수 있지만 죽음을 예고하는 일은 예언자와 다름없는 행위이다. 그렇게 할 수는 없다.

"언제냐는 질문에는 대답하고 싶지 않습니다. 단지 지금부터 최소 이십 년은 더 살고 최후에 존경받았다는 사실을 알고 있습니다."

얼버무릴 생각이었으나 아인슈타인은 1955년에 죽었다. 그다지 속였다고는 말하기 어렵다.

"그럼 다른 것을 묻겠네. 나의 아이들은 몇 명이었나? 그리고 나보다 후에 죽었는가?"

다시 대답하기 곤란한 것을 물어 왔다.

"제가 아는 대로 대답해도 괜찮을까요?"

아무 의미가 없을지 모르지만 일단 확인해 보았다.

"상관없네."

아인슈타인은 소파에 몸을 맡기고 팔짱을 끼었다. 어디 한번 들어 보자는 분위기였다.

"장남인 한스 알베르트 씨도 차남인 에두아르트 씨도 당신이 돌아가신 후에 돌아가셨습니다. 그리고 리젤 씨는……."

"리젤을 어떻게 알고 있나!"

아인슈타인이 벌떡 일어났다. 도오루를 매섭게 주시하는 눈동자에는 노여움과 비애가 가득 차 있었다.

"당신이 돌아가시고 난 뒤, 전 부인인 밀레바 씨와의 왕복 서간이 발견되었습니다. 거기에 리젤 씨에 대한 이야기가 적혀 있어서 저희들이 그 일을 알게 되었습니다."

"그게 남아 있었나……. 나도 지금 그게 어디에 있는지 모르는데."

아인슈타인은 그렇게 말하고 다시 머리를 감싸 쥐었다. 그리고 잠시 동안 침묵이 흘렀다. 도오루는 무슨 이야기를 꺼내야 할지 몰랐고, 샨린은 아인슈타인에 대해서는 거의 모르는 것이나 마찬가지였다. 그러나 어째서인지 긴 침묵을 깬 사람은 샨린이었다.

"지금 너무나도 슬퍼. 너무나도 괴로워. 어째서 그래요?"

아인슈타인이 다시 얼굴을 들었다. 그 눈에는 말 못할 고뇌가 가득 차 있었다.

"내가…… 슬프다? 괴롭다?"

"그렇게 느껴져요. 너무나도 슬픈 기분. 괴로운 기분."

"그런가……. 역시 여자의 직감은 무시하기 어렵군."

그렇게 말한 아인슈타인은 자리에서 일어나더니 몇 통의 편지를 가져와 테이블 위에 늘어놓았다.

"아까 자네는 내가 죽은 뒤 리젤의 일이 세상에 알려진다고 했네."

아인슈타인이 도오루의 얼굴을 보지 않고 중얼거렸다.

"네."

"그러면 이것은 어떻게 설명할 겐가?"

아인슈타인은 그렇게 말하더니 편지를 손가락으로 가리켰다. 영어라서 전부 이해하지는 못했지만 문장을 훑어보니 아인슈타인과 리젤에 대한 내용임을 알 수 있었다.

"지금 리젤이라 자처하는 여자가 런던에 출몰했다네. 나와 밀레바의 가족만 알고 있을 리젤의 존재가, 어디서 새나갔는지. 그리고 그 여자는 자기가 틀림없이 나의 딸이라 주장하고 있다네."

"정말 당신과 밀레바 씨의 가족만 알고 있었습니까?"

"리젤이 어떻게 자랐는지 나는 잘 모른다네. 만나게 해 주지 않았지. 그러니 밀레바의 편지를 보면서 리젤을 짐작할 뿐이었지. 불쌍한 리젤……."

"몇 살에 돌아가셨나요?"

"겨우 한 살이었지. 평범하게 자랐다면 분명히 귀여움을 많이 받았을 거야. 그런데 그 아이는……."

성홍열의 후유증으로 짧은 인생을 마감했던 것이다.

"그렇다면 출산 당시에 아기를 받은 산파나 유모가 있었던 것은 아닐까요? 그런 쪽에서 정보가 새나갔다고는 생각하지 않습니까?"

"지금에 와서 말인가? 그랬다면 좀 더 빨리 누군가가 자신이라고 밝혔어도 이상하지 않을 텐데."

확실히 그건 그렇다. 리젤은 1902년에 태어났다. 만약 지금 살아 있다면 서른세 살이다. 늦다고 말할 수도 있다.

"이건 제 추측입니다만······. 당신이 여기, 미국에 망명했기 때문이 아닐까요?"

"어째서 그렇게 생각하나."

"이민 절차가 엄격하다지만 미국은 지금 자유 국가입니다. 정보가 여기저기 뒤섞여 돌아다니기도 합니다. 그런 나라에 온 당신은 세계적으로도 매우 유명해졌을 것입니다. 소위 말해 유명세를 탄 게 아닐까요?"

"유명세?"

아인슈타인의 시대에는 이런 말이 없었던 것 같다.

"명성을 얻은 사람을 가십거리로 만들거나 거짓 정보를 만들어 내는 등 사생활을 밝혀내려는 것입니다. 당신은 지금 미국에 와서 전보다 훨씬 유명해졌습니다. 새로운 물리 이론의 선구자로서 세계에 이름을 떨치고 있습니다. 그러니까 지금 이런 일이 일어나지 않았을까요?"

"그렇다면 꼭 런던일 필요는 없다는 겐가."

"아마도요. 이번에는 런던이었지만, 그 여자가 나오지 않았어도, 언젠가 비슷한 일을 말하는 무리가 나오지 않았을까요? 리젤 씨를 알던 가족 외의 누군가가 돈을 받고 정보를 팔았겠죠."

진상은 이십일 세기가 되어도 수수께끼에 덮여 있지만 도오루는 그렇게 추측했다. 그 외에 정보가 새나올 데가 없다. 왕복 서간이 조금 더 빨리 발견되었다면 소동은 더욱 커졌을 것이다. 그렇지 않고, 단지 스스로 리젤이라는 여자가 출현했다는 것은 친족 이외의 누군가가 의도적으로 누설했다고밖에 생각할 수 없다.

"그렇다면 자네는 그 여자의 정체를 알고 있는가?"

"네. 그녀는 빈 출생의 여배우입니다. 이름이 그레… 아닌데, 그레테 마르크슈타인인가 그런 이름이었다고 생각합니다. 사기입니다. 본인 혼자서 그렇게 했는지, 누군가 배후에 있는지는 저도 확실히 모릅니다."

"그게 정말이라면 자네들이 칠십 년 후의 시대에서 왔다는 것이 증명되겠군."

"저희들이 패거리가 아닐 경우의 이야기지요."

"스스로 정체를 드러낼 정도로 멍청하지는 않겠지?"

아인슈타인이 한쪽 눈을 깜빡였다. 아무래도 마음을 열어 준 것 같았다

그때 초인종이 울렸다. 방을 나가 계단을 내려가는 발소리가 났다. 그리고 여자의 목소리가 들려왔다. 얼마 안 있어 그들이 있는 거실에 여자 한 명이 들어왔다. 그 여자는 도오루와 샨린의 모습을 보고 깜짝 놀란 표정을 지었다. 두 사람은 난처한 듯 작게 고개를 끄덕이며 인사했으나 그녀는 조금 의심스러운 표정 그대로 아인슈타인에게 다가가 작은 종이를 건넸다.

"당신, 전보예요. 이분들은 누구세요?"

"일본에서 온 손님들이네. 일부러 먼 곳에서 와 주셨어."

아인슈타인이 조금은 짓궂게 대답했다.

"이쪽은 내 아내일세."

"안녕하세요."

"꼭두새벽부터 죄송합니다."

도오루와 샨린이 머리 숙여 인사했다.

"아뇨, 아니에요. 괜찮아요. 커피 드릴까요?"

"아니요, 괜찮습니다."

"사양 마세요. 준비해 올게요."

여자가 거실을 나섰다. 아인슈타인의 사촌 누이 엘자이다. 그녀는 앞으로 일 년 사이에 죽게 된다.

"런던에서군."

아인슈타인이 전보를 읽었다. 그리고 잠시 동안 생각에 잠기더니 도오루와 샨린을 쳐다보며 말했다.

"고용했던 탐정이 보낸 전보네. 리젤이라고 사칭한 여자는 배우였다고 하는군. 빈에서 태어났고."

도오루와 샨린이 마주 보았다. 이걸로 겨우 거짓말을 하는 것이 아님을 알아줄 것이다.

"자네들은 진정으로 시간을 거슬러 온 겐가?"

아인슈타인이 재차 물었다.

"저희들이 생활하는 시대는 이십일 세기 초반입니다. 당신이 발견한 상대성 이론이 저희 시대에서는 수많은 분야에서 쓰이고 있습니다. 저희 시대에도 당신은 현대 물리학의 장을 연 분으로 여전히 존경받고 있습니다."

"그런가."

아인슈타인이 아주 조금 미소를 지었다. 역사에 이름을 남기는 커다란 공적은 지금 살아 있는 본인에게는 실감이 되지 않을 것이다.

"그래 어떻게 시간을 거슬러 왔는가?"

아인슈타인이 가장 대답하기 곤란한 질문을 던졌다.

"음…… 그건 말입니다, 사실은 저희도 잘 모릅니다. 단지 그 고양이가……."

도오루가 아인슈타인의 발밑에 자리 잡고 앉아 있는 에오원을 가리켰다.

"그 고양이가, 조금 특별한데, 어디에서 왔는지 모릅니다."

책에서 나왔다고 말하면 괜히 혼란을 가중시킬 뿐이다.

"지금 그 고양이의 눈은 평소에는 황금색과 청색이지만 비취색으로 변할 때가 있습니다. 그렇게 되면 창문도 열려 있지 않은데 바람이 불어오면서 주변이 완전히 캄캄해지고 저희들은 어딘가로 데려가집니다."

"고양이의 눈 색이 바뀐다."

아인슈타인이 쭈그리고 앉아서 에오원의 얼굴을 뚫어져라 보았다.

"눈이 비취색이네."

"평소에는 황금색과 청색입니다. 왜 비취색으로 바뀌는지 그리고 저희들이 왜 여기저기로 끌려 다니는지, 그 이유는 전혀 모릅니다."

도오루는 자신들이 처한 입장을 숨김없이 이야기했다.

"여기저기라면?"

"저와 샨린이 뭔가를 이야기하고 있으면 항상은 아니지만 가끔 이렇게 과거로 데려오는 겁니다."

그때 엘자가 커피를 가져왔다.

"여보, 이제 커튼 열게요."

엘자가 두꺼운 커튼을 열자 눈부신 아침 햇살이 방에 쏟아져 들어왔다.

"커피 드세요."

"엘자의 커피 솜씨는 아주 좋다오."

도오루와 샨린은 불법 침입자에서 완전히 손님으로 대접이 바뀌어 있었다.

"그래 어떤 곳에 갔었나?"

아인슈타인은 흥미가 생긴 모양이었다.

"그러니까…… 갈릴레오 갈릴레이와는 이야기를 했습니다. 마리 퀴리가 거처하는 곳에도 갔었지만 본인과는 만나지 못했습니다."

퀴리 부인의 집에 갔을 때는 정말 지독한 꼴을 겪었다.

"그런가?"

아인슈타인은 도오루와의 대화를 즐기고 있었다. 리젤의 일이 일단락되어 기분이 가벼워진 것이다.

"그러니 이번에 이렇게 직접 만나 뵐 줄이야 생각도 못 했습니다. 그래서 저는 지금 무척 감격스럽습니다."

도오루는 점점 흥분해서 저도 모르는 사이에 진심을 이야기했다.

"저는 독일어는 읽지 못하지만, 영어로 쓰인 논문은 읽었습니다. 뉴턴 역학의 세계를 근본부터 뒤집어엎은 당신의 개

넘을 이해하고 싶어서 대학교와 대학원에서는 물리학을 전
공했습니다."

"자네 정말로 나의 팬인가 보군."

아인슈타인이 따뜻한 미소를 지었다. 그로부터 잠시 동안
도오루와 아인슈타인은 현대 물리학에 대해 이야기꽃을 피
웠다. 샨린은 대화의 내용을 따라가지 못했으나 도오루가 그
렇게 즐겁게 자신이 배운 학문을 이야기하는 걸 보니 기분이
좋았다. 엘자도 대화에 여념이 없는 둘을 따뜻하게 웃는 얼
굴로 지켜보았다.

"이 사람은 이야기를 시작하면 끝이 없답니다."

엘자가 웃으며 샨린에게 말을 건넸다. 샨린도 생긋 미소
지었다.

"그러면 양자론은 자네의 시대에서는 이론이 확립되었다
는 말인가."

"일단은 그렇습니다. 아직 양자 역학에 대해서는 모르는
것이 있습니다. 그리고 당신이 한 번 버린 우주 정수*에 대해
서도 토론이 부활하고 있습니다."

"그건 아니지."

"그게 아무래도 그렇지 않은 모양입니다. 저희가 살고 있

★ 우주의 팽창을 지배하는 정수.

는 현대에서는 최근 관측 기기가 급속히 발전해 역시 당신의 예언이 옳지 않았나 하는 이야기가 나오고 있습니다."

"백 년 가까이 지나도 우주는 여전히 수수께끼로군."

"네, 그렇습니다. 게다가 당신의 중력 이론과 양자론을 결합시킬 통일 이론은 아직 아무도 확립하지 못했습니다."

"양자론은 도저히 성질이 안 맞아서 말이지."

"하지만 닐스 보어*와 벌인 격론이 양자 역학 발전에 크게 공헌했습니다. 그러니까 당신도 공로자 가운데 한 명인 셈입니다."

"짓궂은 이야기군."

"저기."

샨린이 두 사람의 대화를 끊었다.

"도루, 아인슈타인 자지 못했잖아. 피곤해."

"아, 맞다. 죄송합니다. 주무시지 않으면 건강을 해치지요."

"어젠 도저히 잠이 오지 않아서 말이지."

아인슈타인이 양손으로 머리를 쓸었다. 갑자기 리젤을 사칭하는 여자가 나타나 아인슈타인을 고민하게 만들었던 것이다. 그렇지만 그 문제도 해결되었다.

"어떻게 돌아가는가?"

★ 1885~1962. 덴마크의 물리학자. 1922년에 노벨 물리학상을 수상했다.

아인슈타인이 도오루와 샨린을 보고 말했다.

"아마 그 고양이가 데려다 주리라고 생각합니다. 저희들 스스로의 의지로는 왔다 갔다 할 수 없거든요. 그 고양이의 기분에 따라서."

"고양이라……. 그럼 이 고양이의 기분이 변하지 않는 사이에……."

그렇게 말한 아인슈타인이 거실을 나갔다. 어딘가의 문이 열리는 소리가 나고, 부스럭부스럭 무엇인가를 찾는 듯한 소리가 났다.

"두 사람은 결혼했나요?"

엘자가 물었다.

"아니요, 아직입니다. 하지만 곧 하려고요."

도오루가 샨린의 손을 잡으며 대답했다. 샨린도 그 손을 꼭 마주 잡아 왔다.

"그래요……. 정말 잘 어울리네요. 꼭 행복해지세요."

엘자가 활짝 웃었다. 젊은 두 사람의 미래를 지켜봐 주는 온화하고 따뜻한 미소였다.

아인슈타인이 방으로 돌아왔다. 무엇인가 서류 다발 같은 것을 안고 있다.

"오랜만에 흥미로운 이야기를 했어. 뭔가 답례를 하려 했는데 그리 대단한 게 없어서 말이지. 이거라도 괜찮다면 어떤가?"

아인슈타인이 끈으로 묶인 두꺼운 서류 다발을 도오루에게 건넸다.

"이건……."

도오루가 그 서류를 받아 들고 자세히 보았다. 독일어였다. 타이프라이터가 아닌, 펜으로 적혀 있다.

"내 예전 논문이네. 특수 상대성 이론이야. 그건 이제 버릴 생각이었지. 책으로 나왔으니 말이야. 혹시 괜찮으면 우리의 즐거웠던 대화를 기념하여 가져가는 건 어떤가?"

"저, 정말입니까?"

도오루가 놀라며 아인슈타인의 얼굴을 쳐다보았다.

"그런 것도 괜찮겠나?"

"이야, 정말 감격입니다. 감사합니다!"

도오루는 서류다발을 끌어안고 몇 번이고 감사인사를 드렸다. 엄청난 것을 받았다는 느낌이 들었다. 그때 에오윈이 하품을 하면서 크게 기지개를 켰다.

"아무래도 고양이가 이제 지겨운 모양일세."

"만나 뵙게 돼서 진심으로 기뻤습니다. 감사합니다."

샨린도 머리를 숙였다.

"일본 사람은 그렇게 머리를 숙이나 보군. 십 년 정도 전에 일본에 강연을 하러 갔을 때, 열광적이고 따스하게 나를 맞

이해 준 일본 사람들을 나는 아직 기억하고 있다네."

아인슈타인이 환하게 웃었다. 에오윈이 종종걸음으로 도오루와 샨린 쪽으로 걸어왔다.

"땡큐 소 머치."

아인슈타인의 말이 영어로 바뀌었다. 슬슬 시간이 된 것이다.

"비 해피!"

아인슈타인과 엘자가 손을 흔들었다. 도오루와 샨린과 에오윈은 몇 번이고 뒤를 돌아보면서 거실을 나섰다.

융단이 깔린 복도에 양쪽 방 문틈에서 새 나온 아침 햇살이 빛의 선을 그리고 있다. 그리고 여기 왔을 때와 반대 방향, 계단이 있는 쪽에서 미지근한 바람이 불어왔다. 오늘은 그 바람이 상큼한 봄바람같이 느껴졌다.

"좋은 부부."

"그렇지."

샨린에게는 엘자가 머지않아 죽음을 맞이한다는 것을, 그리고 아인슈타인의 둘도 없는 친구도 세상을 등지게 된다는 것을 굳이 알려 주지 않았다. 도오루와 샨린이 만난 아인슈타인 부부는 두 사람의 기억 속에서 계속 함께 살아갈 것이다. 그대로 영원히.

바람이 점점 강해졌다. 그리고 어둠이 주위를 감싸고, 두 사람의 몸이 바람에 들려 복도를 가득 채운 빛의 여운만을 눈의 저 깊은 곳에서 느끼며 어둠의 소용돌이 속으로 빨려 들어갔다.

"불 켤까요? 어두워서 못 읽겠죠."

다케시의 목소리가 들렸다.

"응? 아아, 그래 줄래?"

도오루가 조금 허둥대면서 대답했다. 아직 그 거실에서 커피를 마시고 있는 기분이었기 때문이다. 서재의 불이 켜지자 도오루가 크게 한숨을 쉬었다.

"왜 그러세요? 한숨을 쉬고. 피곤하세요?"

"아…… 뭐랄까. 너무 흥분해서 지쳤어."

"흥분? 아인슈타인 이야기를 너무 해서요?"

"아니, 그것도 그렇긴 한데. 있잖아, 지금 갔다 왔어."

"어디를요?"

"아인슈타인의 집."

"네에?"

다케시가 의아한 표정을 지었다.

"에오윈이야. 에오윈이 또 저질렀어. 우리들 지금 아인슈타인의 집에 가서 커피까지 얻어 마시고 오는 길이야."

"또 과거로 순간 이동 했다고요?"

다케시는 그것 때문에 한 번 혼쭐이 났었기 때문인지 조금 싫은 표정을 보였다.

"그 책 좀 집어 줘."

도오루가 책을 펼쳐 책장을 넘겼다.

"이게 아니네."

그렇게 말하고 아인슈타인과 관련된 책을 한쪽부터 찾기 시작해 책장을 넘기고 확인한 후 책을 덮어 내려놓고 또다시 다른 책을 조사하는 작업을 계속 반복했다.

"형 지금 뭐 하는 거예요?"

다케시가 샨린에게 물었으나, 샨린은 어깨를 으쓱할 뿐이었다. 대체 도오루는 뭐가 신경 쓰이는 것일까.

"여기 있다! 역시……."

도오루가 한 권의 책을 펼치면서 목소리를 높이다가, 그대로 정지해 버렸다.

"왜 그래? 도루."

"형, 들려요?"

도오루는 샨린과 다케시를 무시한 채 아까 아인슈타인에게서 받은 서류 뭉치를 손에 들고 찬찬히 보았다.

"뭡니까? 그 지저분한 서류는."

"……엄청난 걸 받았나 봐."

"네?"

"이건 받는 게 아니었는지도⋯⋯."

도오루가 서류 다발을 넘기며 무엇인가를 납득하고 있다.

"형, 혼자서 납득하지 말고 설명 좀 해 주세요."

"안 좋은 거 받았어?"

다케시와 샨린이 연달아 질문을 던졌다.

"아인슈타인은 몇 개의 논문을 발표했어. 엄청 많지는 않지만 어느 정도는 발표했지. 그런데 그런 거에는 대부분 초고, 초안이 있잖아."

"그렇죠."

"있어."

"그 대부분이 발견돼 보존되고 있어. 그런데 그중 너무나도 유명한데 초고가 발견되지 않은 논문이 있어."

도오루가 꿀꺽하고 침을 삼켰다.

"그럼?"

"특수 상대성 이론의 초고. 자필 초고가 어딘가에 틀림없이 있으리라고 전해져 왔어. 그런데 2005년 세계 물리의 해에도 찾지 못했고 그 이후에도 발견되지 않았어."

"저기, 결론을 먼저 말해 주지 않으실래요?"

다케시가 도오루의 긴 설명에 초조함을 감추지 못했다.

"나는 말이야, 방금 프린스턴에 있는 아인슈타인의 집에 갔다 왔어."

"프린스턴이라면 미국인가요?"

"그래. 미국으로 망명한 직후의 아인슈타인과 만나고 왔어. 그리고 이걸 본인에게 받았어."

도오루가 서류 뭉치를 들어 올렸다.

"아인슈타인도 확실하게 말했어. 이건 특수 상대성 이론의 자필 초고다. 그걸 내가 1935년의 시점에서 여기로 가지고 돌아와 버렸어. 그러니까 아무리 찾아도 찾을 수가 없는 거야. 여기 내가 가지고 있잖아."

즉, 특수 상대성 이론의 자필 초고만 행방 불명된 것은 도오루가 본인에게서 받아 왔기 때문이다. 도오루는 공교롭게도 초고를 숨긴 범인이 되어 버렸다.

"또 안 좋은 일 했네, 도루."

"내가 달라고 한 거 아니야. 본인이 준다고 하니까……."

"찾았다고 발표하는 건 어때요? 유명해질걸요."

다케시가 태평한 소리를 했다.

"발표를 어떻게 하나. 난 아인슈타인하고 요만큼의 관계도 없다고. 일본에 아인슈타인을 초대한 '가이조샤[改造社]'하고도 아무 관련이 없어. 내가 발견할 연결점이 없잖아."

도오루가 머리를 쥐어뜯었다. 이 초고는 과학계뿐 아니라 전 인류에게 귀중한 유산이다. 그런데 아무런 이용 가치도 없는 자신이 가지고 있다…….

"결정했어. 이건 이제 문외불출. 우리들만의 비밀이야. 알았지?"

"형이 죽으면 유품을 정리하는 사람은 깜짝 놀라겠네요. 이상한 걸 많이도 수집했네, 하면서요. 어디서 구했는지도 모를 문화유산이 지천에 깔려 있을 테니."

"재수 없는 소리 하지 마. 아, 배고프다."

"저도요."

"나도."

"그럼 정리는 차차 하기로 하고 저녁이라도 먹으러 갈까?"

"갑시다!"

"샤린 뭐 먹고 싶어?"

"샐러드."

"또 샐러드야. 좀 더 영양가 있는 걸 먹으라니까. 그럼 오늘은 이사 축하도 겸해서, 스페인 요리 먹을까?"

"이사하면 보통 소바잖아요?"

다케시가 이의를 제기했다.

"소바 먹으러 가면 고기가 없잖아."

"그럼, 스페인 요리로."

"결정됐네. 그럼 나갈 준비 하자."

"나, 옷 갈아입고 올게."

샨린은 옷장으로 가서 분홍색 플레어스커트와 흰색 터틀넥 스웨터로 갈아입고 좋아하는 목걸이를 했다. 오늘은 어딘가 멋을 낸 느낌이다.

　"에오윈, 밥 주고."

　샨린이 에오윈의 그릇에 사료를 붓고 물을 갈아 주었다.

　"얌전히 집 지키고 있어."

　샨린이 에오윈의 머리를 쓰다듬어 주고 현관으로 향했다.

　세 사람은 코트를 걸치고 역 건물로 향했다. 상당히 추운 날씨였다. 해가 있을 때는 따뜻하다는 느낌도 들지만 해가 떨어지니 바람이 차가워진 것 같다. 세 사람이 서둘러 역으로 걸어가는데 갑자기 다케시가 멈춰 섰다.

　"아, 잠깐만요. 저, 집에 핸드폰 두고 왔어요."

　"그럼, 돌아가자."

　"가게, 사람 많을 거야. 나, 먼저 갈까?"

　"아, 그러는 게 좋겠다. 먼저 가서 자리 잡아 줘. 곧바로 지하로 내려가면 돼."

　"그렇게 할게."

　누군가가 같이 가지 않으면 다케시는 집에 들어가지 못한다. 세 사람은 둘로 나눠서 도오루와 다케시는 맨션으로 돌아가고 샨린은 스페인 요리집으로 서둘러 갔다.

"죄송해요. 번거롭게 만들어서."

"괜찮아. 서재에 있어?"

"아마 그럴 거예요."

도오루와 다케시는 서재의 불을 켜고 책 더미 사이에서 핸드폰을 찾기 시작했다.

"이런 건 위쪽에 둬야겠다. 에오윈이 장난치니까."

도오루는 아인슈타인에게서 받은 특수 상대성 이론 초고를 책 더미 위쪽에 올렸다.

"그럼 이제 잊은 거 없지?"

"네, 없어요."

도오루는 서재의 불을 끄고 다케시를 재촉해서 집을 나왔다. 엘리베이터에서 내려 서둘러 역으로 향했다.

"샨린은 아마 이쪽으로 갔을 거야."

도오루가 역까지 가는 지름길인 다리를 건너는 길을 선택했다. 이쪽으로 가면 역 지하로 바로 들어갈 수 있다. 멀리서 꺄악 비명 소리가 들려왔다. 이런 시간에 누군가 벌써 술에 취해 난동을 피우고 있는 걸까?

"저기 사람들이 모여 있는데요."

다케시가 다리 쪽을 보면서 손을 뻗어 가리켰다.

"진짜네. 뭐지? 싸움 났나?"

두 사람은 다리 쪽으로 가까이 갔다. 지나가던 사람들이 뭔가 멀리서 둘러싸고 있는 것처럼 보였다.

"잠시만요."

다리를 건너고 싶은데, 사람들이 길을 막고 있다. 도오루와 다케시는 모여 있는 사람들을 헤치면서 지나갔다.

그 광경은 왠지 슬로 모션으로 보였다. 마치 빛에 가까운 속도로 나아가는 우주선에서 밖을 바라보듯이.

다리 난간 위에 하얀 활같이 휘어진 것이 보였다. 그 위에 검은 물체가 덮쳐 짓누르고 있다. 그리고 검은 물체가 하얀 활에서 떨어지자 하얀 활은 다리 난간을 넘어 바다와 만나는 강에 완만한 곡선을 그리며 떨어졌다.

"떨어졌다!"

"사람이지요?"

주위에 있던 사람들도 다리 난간에서 밑으로 목을 빼고 내려다봤다. 몇몇 사람들은 도망치려 하는 검은 물체를 잡아 길로 밀고 있다. 도오루와 다케시도 난간에서 몸을 빼고 강을 쳐다봤다. 하지만 강물은 어둡고 탁해서 잘 보이지 않았다.

"조금 늦는다고 전화하는 게 낫겠지."

도오루가 산린의 핸드폰으로 전화를 걸었다. 신호음이 갔다. 하지만 받지를 않는다. 발 근처에서 뭔가 어렴풋이 진동을 느낀 도오루가 발밑을 내려다보았다.

그곳에 샨린의 가방이 마치 깜박 잊고 두고 간 것처럼 떨어져 있었다. 그리고 귀에서 들리는 신호음에 박자를 맞추듯 가방이 작게 흔들렸다.
'설마, 설마.'

도오루가 그 가방을 잡아 찢듯이 열었다. 정말이다. 샨린의 가방이다. 착신을 알리는 불빛이 점등하면서 진동하는 핸드폰이 보였다. 빙글 하늘이 돌았다. 아니, 도오루의 몸이 흔들렸다.
'정신 차려!'
"샨린!"
도오루가 난간에서 몸을 최대한 앞으로 내밀고 외쳤다.
"왜 그러세요? 샨린 씨는 역에 있잖아요?"
다케시가 물었으나 도오루는 수면에 눈을 고정하고 필사적으로 샨린의 모습을 찾으려 했다. 그러나 소용이 없었다. 여기서는 아무것도 보이지 않았다.
도오루는 다리 난간을 돌아 울타리를 지나고 풀숲을 헤쳐 호안에 당도했다.
"샨린, 샨린! 위로 올라와! 올라오란 말이야!"

아무리 외쳐도 강은 유유히 흐를 뿐이었다. 저 멀리서 사이렌 소리가 들려왔다. 도오루는 기다리고 있을 수만은 없어 물에 뛰어들었다.

물은 살을 에듯 차가웠다. 도오루는 크게 숨을 들이마시고 잠수해서 샨린의 모습을 찾았다. 하지만 물이 탁하고 어두워서 아무것도 보이지 않았다. 숨을 참을 수 없게 된 도오루는 일단 물 위로 얼굴을 내밀었다. 물을 머금은 옷이 무겁다. 자신마저 물속으로 잠길 것 같았다.

도오루는 호안 벽을 잡고 몸을 기댔다. 빽빽이 들러붙은 굴이 힘을 줄 때마다 툭툭 떨어졌다. 굴의 얇은 껍질이 칼날이 되어 도오루의 손가락을 벴다. 다시 한 번 숨을 들이마시고 힘껏 깊은 곳까지 잠수했다.

'찾아라. 찾아라. 하얀 옷이다.'

도오루가 스스로에게 주문처럼 되뇌었다.

도오루는 다시 숨이 차 물속에서 숨을 뱉었다. 코와 목구멍에 짜디 짠 물이 들어왔다. 필사적으로 몸을 세로로 세워 다시 한 번 굴에 몸을 의지했다. 그때 앞쪽에서 뭔가 하얀 것이 뒤집히는 것이 살짝 보였다.

도오루가 세 번째로 잠수했다. 그리고 물속으로 헤엄쳐 들어갔다. 탁하고 희미한 물속에서 하얀 천이 보였다. 온 힘을 다해 그 하얀 천을 잡았다. 하지만 다시 숨이 차고 바닷물에 숨이 막힐 것 같아 수면에 얼굴을 내밀었다. 그리고 바로 숨을 들이마시고 다시 잠수했다.

샨린이었다. 엎어진 몸이 수중을 떠돌고 있었다. 도오루는 팔을 둘러 샨린을 잡고, 물을 크게 갈랐다. 하지만 자신과 샨린의 무게를 팔이 더 이상 견뎌 내지 못했다. 숨이 차올랐다. 몸이 차가워지고 점점 가라앉았다.

'아아, 여기는 샨린을 발견한 다리잖아…….'

도오루가 처음으로 샨린과 만난 그 장소였다. 도오루는 어떻게든 한 손을 뻗어 호안을 잡았다. 간발의 차로 이제 조금만 더 하면 얼굴이 위로 올라갈 순간, 벽에 붙어 있는 굴이 바슬바슬 무너져 도오루는 다시 샨린과 함께 가라앉았다. 손끝이 더 찢어졌다. 손끝이 너무나 차가워 제대로 힘을 넣을 수 없었다.

'샨린도 그때, 이렇게 물에 잠겼겠구나. 양손에서 피를 흘려 가면서. 몸이 차가워지는 걸 느껴 가면서.'

도오루는 자신과 샨린의 몸이 잠겨 가는 것을 느꼈다.

'아니, 이대로 빠질 수는 없다. 올라가라. 올라가라. 두 번 다시 떨어지지 않는다. 떨어질까 보냐.'

정신을 가다듬는 순간 도오루의 얼굴이 수면에 떠올랐고, 도오루는 심하게 숨이 막혀 오는 것을 느꼈다. 누군가가 목덜미를 잡았던 것이다.

"잡았나? 잘했네! 좋아! 지금 위로 올립니다."

도오루는 든든한 남자의 팔에 안겼고 샨린을 안고 있던 팔은 갑자기 가벼워졌다. 또 다른 한 명이 샨린의 몸을 받아 줬던 것이다.

"오케이! 위로 올려요!"

'샨린…… 샨린……'

하얀 스웨터밖에 보이지 않았다.

'샨린, 얼굴을 들어 줘. 손을 내밀어 줘. 나의 샨린.'

도오루와 샨린은 각기 다른 구급차를 타고 응급실로 옮겨졌다.

도오루는 상처를 치료받고 감염 예방을 위해서 항생제를 맞았다.

"그 물은 매우 더럽습니다. 폐에 물이 들어가서 감염을 일으키면 안 되니까요."

응급실 의사가 설명했다.

"샨린은? 그녀의 상태는 어떻습니까?"

도오루의 질문에 의사는 어깨를 움츠렸다.

"배를 찔려서……. 지금, 집중 치료실에 들어가 있다고 했어요."

커튼으로 칸이 나뉘어 있는 좁은 공간 구석에 우두커니 서 있던 다케시가 낮은 소리로 내뱉었다.

"상태는? 의식은 있는 거지?"

"자세히 알려 주지 않더라고요. 가족이 아니라고."

두 사람의 대화를 듣고 있었는지, 차르륵 커튼 가장자리가 열리고 점퍼를 입은 남자가 얼굴을 들이밀었다.

"경찰입니다. 잠시 이야기를 듣고 싶은데 괜찮습니까?"

사복 경찰이 신분증을 보이면서 도오루에게 물었다.

"네. 괜찮습니다."

도오루가 침대에서 일어나 앉았다.

"죄송합니다만, 친구 분은 나가 주시겠습니까?"

경찰이 다케시를 커튼 밖으로 내보냈다.

"야마우치 도오루 씨 맞으십니까?"

"네."

도오루는 생년월일, 주소, 전화번호를 말했다.

"제가 묻고 싶은 건 하마나카 가린 씨와의 관계입니다."

"하마나카 가린?"

"모르는 사이입니까?"

"아니요, 같이 살고 있습니다."

"그건 저희도 알아봤습니다. 하마나카 씨의 이름을 모르셨습니까?"

"대만 이름만 알고 있었기 때문에……."

하마나카 가린. 도오루는 샨린의 일본 이름을 처음 들었다. 그렇다. 샨린의 여권은 물론, 주민등록증도 보험증도 아무것도 본 적이 없었다. 당연히 샨린의 부모님, 대만 집의 주소도 모른다. 언제 일본에 와서 언제 결혼했는지, 그 결혼 생활이 어느 정도 이어졌는지 또 언제 이혼했는지도 모른다. 그러고 보면 세키 다카카즈의 산액을 가져와 버릴 때, 샨린은 어느 여성이 가린이라고 부르는 소리에 많이 동요했었고 그 후에도 왠지 상기된 얼굴을 하고 있었다. 설마 그런 곳에서 자신의 일본식 이름을 듣게 될 줄은 생각지도 못했을 것이다. 그러니 놀라기도 하고 일본 이름을 숨기고 있던 것에 양심의 가책을 느꼈을지도 모른다.

'나는, 그렇게 늘 같이 있었는데도 샨린에 대해 아무것도 몰랐다.'

언젠가 물어보면 된다고, 먼저 말해 줄 때까지 기다리면 된다고, 이야기하고 싶지 않다면 듣지 않아도 괜찮다고 도오루는 생각했었다.

"아직 하마나카 씨의 가족과 연락이 되지 않고 있습니다. 혹시 긴급 연락처 같은 것 모르십니까?"

"……모릅니다."

자신의 입에서 나온 말이 가슴을 찔렀다. 모든 것을 알아야 했는데 아무것도 몰랐다. 아무것도 알려 하지 않았던 스스로의 어리석음에 이를 갈았다.

"배를 찔렀다고 들었습니다만……."

"네. 헤어진 남편 짓입니다. 지독하게 술에 취해 있더군요. 지금 취조 중입니다."

"상태는 어떻습니까? 괜찮은 겁니까?"

"사실 지금 곤란한 상황입니다. 이런 경우 피해를 당한 분의 가족에게 상태를 설명합니다. 하지만 하마나카 씨의 부모님이 대만에 계시니 지금 오는 것도 무리겠죠."

"저는 안 되나요?"

"기본적으로 가족이 우선입니다."

도오루가 어깨를 축 늘어뜨렸다. 그렇다. 아직 도오루와 샨린은 가족이 아니었다. 단지 연인일 뿐이다.

"야마우치 씨는 하마나카 씨의 헤어진 남편과 만난 적이 있습니까?"

"아니요, 없습니다."

"그렇습니까……. 이런, 큰일이네."

"뭐가 큰일이죠?"

"목격자는 많습니다만, 왜 하마나카 씨가 그곳에서 사건에 휘말렸는지 아무도 모릅니다. 말싸움을 한 것 같습니다만, 그 내용까지는 몰라서 무슨 일이 있었는지 아직 정황을 알 수 없습니다."

"아아……."

"야마우치 씨는 언제 그 다리에 가셨습니까?"

경찰이 펜을 꺼내 들면서 물었다.

"처음에는 셋이서 역으로 가고 있었지만, 동행이 핸드폰을 집에 두고 왔다고 해서 샤린만 먼저 가게 됐습니다."

그때 셋이서 되돌아갔으면, 셋이서 다리를 지나갔으면 하고 도오루는 후회했다.

"그래서 집에서 밖으로 나왔는데 다리 근처에 사람이 많은 걸 보고…… 사람이 떨어지는 걸 보고……."

"보고?"

"설마 샤린이라고는 생각하지 않고 그녀의 핸드폰에 전화했습니다. 그랬더니 발밑에 있는 가방이…… 가방이 샤린 거라는 걸 알고……."

"그래서 강으로 뛰어드셨군요?"

"……네."

도오루는 조금 더 일찍 눈치 채지 못한 스스로에게 너무 화가 났다. 어째서 다리 위에 있는 사람이 샤린임을 몰랐는지 너무나도 화가 났다.

"일행 분의 이야기하고 거의 비슷하네요. 잘 알았습니다. 협조 감사합니다."

다시 커튼 모서리가 열렸다. 이번에는 다른 의사였다.

"다 끝나셨나요?"

"아, 네."

경찰이 커튼 밖으로 나가자 푸른색 옷을 입은 젊은 의사가 들어왔다.

"야마우치 도오루 씨 맞으시죠? 상처는 어떠세요? 아프신가요?"

의사가 시원시원하게 물었다.

"아니요, 그다지 아프지 않네요."

"그렇습니까. 야마우치 씨는 하마나카 씨와 동거하고 계신다고요?"

"네."

"아직 호적 신고는 하지 않으셨고요?"

"아직이요."

"음. 어떻게 해야 하나. 하마나카 씨에 대해 누군가에게 설명하지 않으면 안 되는데, 일본에 있는 친척 연락처라든지 모르시나요?"

"일본에 친척은 아무도 없다고 알고 있습니다."

"곤란하네. 잠시만 기다려 주세요."

그렇게 말한 의사는 일단 커튼 밖으로 나갔다가 잠시 후에 돌아왔다.

"원래는 가족에게 설명하는 것이 규칙이지만 가족 분이 지금 아무도 안 계시니까 야마우치 씨께 설명하겠습니다. 걸으실 수 있겠습니까? 휠체어를 준비할까요?"

"아니요, 걸어가겠습니다."

도오루는 침대에서 내려와 병원 슬리퍼를 신고 의사의 뒤를 따라갔다. 의사는 엘리베이터 옆의 카운터에서 일단 멈춰서 바인더에 끼어 있는 종이와 볼펜을 내밀었다.

"여기에 이름을 적어 주세요."

입실 허가서라고 적혀 있다. 도오루는 이름과 연락처를 기입하고 의사에게 내밀었다. 그리고 작은 엘리베이터에 탔다. 커다란 쪽에는 "환자용. 일반인들은 이용에 양해 부탁드립니다."라고 적혀 있다.

엘리베이터를 내려 자동문을 두 번 통과했다. 문은 바닥 가까이 있는 틈에 발끝을 넣으면 열리는 구조였다.

집중 치료실은 매우 조용했다. 환자의 목소리는 전혀 들리지 않았다. 의사와 간호사의 목소리만 낮게 들릴 뿐이었다.

"삼 번, 면회 들어갑니다."

조용한 방에 간호사의 목소리가 울리고 잇달아 커튼을 닫는 소리가 났다.

"이쪽으로 오세요."

도오루는 의사에게 안내받아 '삼'이라는 하얀 팻말이 달려 있는 커튼 칸막이 안으로 들어갔다.

그곳에는 양팔에 링거 줄이 연결되고 심전도를 재기 위한 코드로 마치 묶여 있는 듯한 상태의 샨린이 있었다. 코와 입에는 관이 연결돼 있고 뺨은 창백했다.

"하마나카 씨는 복부를 찔려서 출혈을 많이 했습니다. 상처가 간까지 닿았습니다. 수혈이 필요하지만 현재 수혈용 혈액이 확보되지 않았습니다."

"내가 같은 혈액형입니다."

적게나마 도오루가 알고 있는 샨린의 정보였다.

"야마우치 씨도 상처가 있기 때문에 수혈은 할 수 없습니다. 감염의 위험이 있으니까요."

"그럼, 무작정 기다리라는 겁니까!"

"알아보고 있습니다. 진정하세요. 다른 환자 분들도 있으니까요."

"……죄송합니다."

"다리에서 떨어졌을 때 머리를 세게 부딪쳤습니다. CT 촬

영 결과 머리와 목뼈에 손상이 있습니다."

"……."

도오루는 충격이 너무 심해 아무런 반응도 할 수 없었다.

"체온이 너무 내려간 상태에서 이쪽으로 실려 왔습니다. 심장은 뛰고 있지만 호흡이 없어서 인공호흡기를 달았습니다. 의식도 없습니다. 최선은 다하고 있습니다만…… 이대로 의식이 돌아오지 않을 가능성이 있습니다."

'샨린, 샨린. 나의 샨린.'

"귓가에 대고 불러 보겠습니까? 몸에는 닿지 않도록 하시고요."

도오루는 말없이 끄덕이고 무릎을 바닥에 대고 샨린의 귓가에 입을 댔다.

"샨린, 나야. 눈떠 봐."

샨린은 이런 모습인데도 아름다웠다. 혈관이 비칠 정도로 하얀 살결. 긴 속눈썹. 길게 파인 눈꺼풀. 얇은 입술에는 인공호흡기를 고정하기 위해 테이프가 덕지덕지 붙어 있다. 이마에 붙은 머리카락 한 가닥이 아직 젖어 있다.

"나는 약속 지켰어. 너를 끝까지 잡았단 말이야. 샨린, 그러니까 약속 지켜 줘. 눈 좀 떠 봐. 해피해지겠다고 약속했잖아. 샨린, 샨린!"

그때 샨린의 오른쪽 눈에서 한 줄기의 눈물이 또르륵 떨어졌다. 혈색 하나 없는 뺨을 지나 귓가로 흘렀다. 눈물은 마치 귀걸이처럼 흔들리다 시트에 떨어져 자국을 만들었다.

"울고 있어요! 샨린이……"

갑자기 삐, 삐익 하는 경고음 같은 것이 울리기 시작했다.

"죄송합니다. 나가 주세요."

"네?"

간호사는 이렇다 저렇다 말도 없이 도오루를 커튼 밖으로 끌어내고 팔을 잡아 엘리베이터 쪽으로 데려갔다. 커튼 내부에서는 착착 지시를 내리는 남자의 목소리가 들렸다. 아까 그 의사일지도 모른다. 다른 간호사가 커튼을 걷고 뛰어나와 빠른 걸음으로 커다란 기계를 달달 밀고 갔다.

"일단 침대로 돌아가 주세요. 다시 부를지도 모릅니다."

도오루의 팔을 잡고 있던 간호사가 걸음을 재촉해 집중 치료실 문을 빠져나왔다.

"그렇지만……!"

"부를 때까지 기다려 주십시오."

간호사는 도오루를 엘리베이터에 밀어 넣고 반 강제로 도오루를 침대까지 데려갔다. 도오루는 병원에서 입힌 바람이 숭숭 통하는 유카타 같은 옷의 앞섶을 여미고 몸의 떨림을 멈추려 했다.

'그 소리는 뭐지? 샨린한테 무슨 일이 일어나는 거야!'

다시 다케시가 커튼을 열고 들어왔다.

"형, 샨린 씨는……?"

"……배를 찔려서 출혈이 많았대. 그런데도 수혈이 아직 안 됐어. 머리하고 목을 다쳐서 의식이 없어. 그래도 내가 부르니까 눈물을 흘리는 거야. 울었어! 의식이 돌아온 거야!"

그로부터 삼십 분 정도 흘렀을까. 또다시 간호사가 도오루를 부르러 왔다.

"위로 올라오시겠습니까?"

조용한 목소리였다. 엘리베이터에서 간호사가 한 마디도 하지 않았다. 자동문을 두 개 지났다.

"삼 번, 들어갑니다."

아까와 같은 목소리가 들리고 커튼이 닫히는 소리가 났다. 삼 번 커튼 앞에는 커다란 기계가 놓여 있었다. 도오루는 다시 커튼 칸막이 안으로 안내받았다.

인공호흡기가 떨어져 있다. 머리카락도 깨끗하게 정돈돼 있고 양팔에 연결돼 있던 링거 줄도, 가슴에서 나와 있던 코드도 떨어져 있다. 금속으로 된 작은 테이블 같은 것 위에 피투성이 고무장갑이 놓여 있고 간호사가 거즈와 함께 그것을 통에 버렸다.

침대는 가지런히 정돈돼 있고 어딘가에서 픽픽하고 규칙적인 소리가 들린다. 이곳은 아니다. 좀 더 멀리서였다.

"최선을 다했습니다. 삼십 분간 소생 조치를 했습니다만, 심장이 움직이지 않았습니다. 유감입니다. 삼월 십육일 오후 여덟시 삼십칠분, 하마나카 가린 씨는 사망하셨습니다. 조의를 표합니다."

커튼 내부에 있던 의료 관계자 전원이 머리를 숙였다.

도오루는 태어나서 처음으로 실신을 했다.

"얼굴 보시겠습니까?"

영안실로 옮겨진 샤린은 하얀 시트에 덮여 있었다.

도오루는 가까이 다가갈 수가 없었다. 가까이 가면, 옆에 다가서면, 샤린의 죽음을 눈으로 확인하게 된다. 그 얼굴을 만지면 살결이 따뜻함을 잃었다는 사실을 느끼게 된다. 말을 걸면 두 번 다시 대답이 돌아오지 않는다는 걸 알게 된다.

"형……"

다케시가 걱정스럽게 말을 걸었다.

"마지막이래요. 얼굴 보는 게……."

"그러면 샤린도 기뻐할까."

"……네. 분명, 기뻐할 거예요. 형이 배웅하는 건데요."

"그렇겠지……."

도오루는 천천히 샨린에게 다가갔다. 다리가 덜덜 떨렸다. 상처투성이 손가락으로 얼굴에 덮인 하얀 천을 살짝 걷었다. 샨린은 옅게 화장을 해서 마치 잘 만들어진 아름다운 인형 같다. 말을 걸면 살며시 눈을 뜨고 부드러운 미소를 지을 것만 같았다.

"평온한 얼굴이네요."

"그래……."

"분명 형이 구해 줬기 때문일 거예요."

"그럴까……."

"전혀 고통스러워 보이지 않아요……. 정말 행복해 보이는 얼굴인데요."

"행복……."

'전혀 행복하게 해 주지 못했잖아. 아직 아무것도 해 주지 못했는데. 이제 부모님께 소개하고 대만에 가서 너의 부모님을 만나고, 약혼반지도 사고, 식장을 정해서 네가 제일 예뻐 보이는 웨딩드레스를 골라 입고 많은 사람들에게 축복을 받으면서 결혼반지를 끼워 주고 키스하는 거야. 응? 아직 아무것도 못 했잖아. 아무것도 시작하지 않았잖아. 약속했잖아.'

"해피하게…… 그렇게……."

도오루는 샨린이 이제 두 번 다시 눈을 뜨지 않는다는 사실이 실감되지 않았다. 모든 것이 현실감을 잃고 있었다. 자신이 숨 쉬고 있는 것조차 실감되지 않았다.

"도오루 형?"

말을 걸어도 반응이 없었다. 그야말로 도오루는 얼이 다 빠져 버렸다. 영안실로 안내해 준 병원 직원이 조용히 샨린의 얼굴을 하얀 천으로 덮었다.

주검을 그대로 대만에 보낼 수는 없다. 그러므로 샨린의 몸은 화장을 하게 된다. 그 유골은 경찰이 대만 외교 기관을 통해 샨린의 부모님께 보내게 된다. 도오루 앞으로는 샨린의 머리카락 한 올조차 남겨지지 않는 것이다.

이틀 뒤인 삼월 십팔일. 장례식에 참석한 사람은 도오루와 다케시뿐이었다.

대만 외교부가 샨린의 가족과 연락을 취한 결과 유골은 도오루가 대만의 가족에게 전하기로 결정되었다. 도오루는 다케시의 부축을 받아 맨션으로 돌아왔다.

도오루는 마치 혼이 빠져나간 것처럼 양팔로 샨린의 유골을 안고 바닥에 앉아 전혀 움직이지 않았다.

도오루는 다케시가 몇 번을 권해도 밥을 먹기는커녕 물도 마시지 않았다. 아무것도 식도를 지나가지 않았다.

"형, 이 옷은 어떻게 할까요?"

도오루의 기분을 전환시키려고 했는지 다케시가 병원에서 건네받은 도오루의 옷가지를 가리키며 말했다.

"……어."

도오루가 건성으로 대답했다. 다케시는 봉투에서 아직 젖어 있는 옷을 꺼냈다.

"어라."

다케시가 작은 소리를 내더니, 작은 비닐봉지를 들고 도오루에게 갔다.

"이런 게 들어 있는데요."

도오루가 멍하니 얼굴을 들었다. 다케시가 눈앞에 들이민 비닐봉지에는 샨린의 팔찌가 들어 있었다. 작은 고양이와 방울이 달려 있는 그 팔찌였다. 체인은 중간이 끊어져 있다.

"이건……."

이게 어떻게 여기에 있는지 영문을 알 수 없었다. 샨린이 몸에 걸치고 있던 것들은 아직 경찰이 맡고 있었다.

"……구할 때, 형의 손에 걸렸을지도 모르겠네요."

그때는 정신이 하나도 없었기 때문에 잘 기억이 나지 않는다. 샨린의 몸에 팔을 감고 몇 번이고 호안에 매달리려다 가라앉고, 팔에서 샨린의 몸이 빠져나가…… 서둘러 팔을 뻗어 손목을 잡았다…….

"나 좀 혼자 있게 해 줘……."

도오루가 중얼거렸다.

"안 돼요. 지금 상태로 혼자 둘 순 없어요."

다케시가 강한 어조로 말했다.

"부탁이야……. 혼자 있게 해 줘. 나랑 샨린만 있게 해 줘! 부탁이야!"

도오루가 벌떡 일어나서 다케시를 현관으로 내몰았다.

"부탁한다……. 잠시라도 좋으니까……."

"알았어요. 가까운 데서 시간 보내고 있을 테니까 마음 정리되면 연락하세요."

그렇게 다케시가 집을 빠져나갔다. 도오루는 일어서서 샨린의 유골을 탁자 위에 올렸다. 그리고 비닐 봉투를 열어 팔찌를 꺼내 들었다.

'소중한 부적인데 두고 가 버렸구나…….'

도오루는 몸이 휘청거려 의자를 잡았다. 아무것도 먹지 않아서 그런지 어질어질했다. 의자를 잡은 손에 무엇인가가 만져졌다. 샨린이 벗어서 걸쳐 놓은 검은 카디건이었다.

"정말, 만날 벗으면 그 자리라니까. 옷걸이에 걸지 않고……."

그런 말이 자연스럽게 입에서 흘러나왔다. 샨린이 정말 없어졌다는 현실이 발끝부터 서서히 온몸에 침투해 온다. 도오루는 그 카디건을 손에 들었다. 남아 있던 샨린의 향이 코를 스쳤다. 샨린이 좋아했던 향수 향이 희미하게 난다.

"샨린, 샨린! 어째서! 어째서 나만 남겨 두고 가는 거야! 나만 혼자 두지 마! 나랑 같이 있어 달란 말이야! 약속했잖아! 약속, 약속했잖아……."

도오루는 카디건과 팔찌를 끌어안고 무릎을 꿇고 통곡했다. 바닥을 주먹으로 치고 몸을 뒤틀며, 억지를 부리는 어린 아이처럼 계속 울었다. 샨린이 다리에서 떨어지고 나서부터 눈물을 한 방울도 흘리지 않던 도오루는 지금 그 눈물을 한 번에 쏟을 기세로 눈물을 흘렸다.

얼굴에 까칠까칠한 것이 느껴졌다. 눈을 떠 보니, 에오원이 도오루의 얼굴을 핥고 있었다. 끊임없이 흘러내리는 눈물을 핥으며 코끝을 문질러 왔다.

"에오원……."

샨린은 말이야, 이제 없어. 네가 아주 많이 좋아했던 샨린은 이제 이곳으로 돌아오지 않아.

"에오윈, 배 안 고프냐."

도오루가 비틀비틀 자리에서 일어나 사료 자루를 꺼내면서 에오윈의 그릇을 보았다. 먹다 남은 것이 있다.

'그랬구나. 그저께도 샨린은 제대로 네가 먹을 밥을 꺼내놓고……'

마지막의 마지막까지 절대 에오윈의 밥을 잊지 않았던 것이다. 샨린은 액세서리까지 이렇게 고양이 장식을 달 정도로 고양이를 많이 좋아했다. 도오루가 에오윈의 얼굴을 보았다. 에오윈이 둥근 눈을 비취색으로 빛내고 있었다.

"에오윈, 부탁이야. 한 번이라도 좋아, 내 부탁을 들어줘! 나를 샨린이 있는 곳에 데려가 줘! 부탁이야, 내 부탁을 들어줘! 한 번이라도 좋아! 에오윈! 샨린이랑 만나게 해 줘……."

도오루가 에오윈을 끌어안았다. 회색의 부드러운 몸은 정말 따뜻했다. 심장 고동이 귀에 울렸다. 차가운 도오루의 몸까지 따뜻해질 것 같았다.

아니다. 따뜻한 바람이 도오루의 몸을 감싸고 있는 것이다. 방이 어둠에 잠겨 갔다.

"에오윈!"

그 바람은 도오루의 몸을 둥실 들어 올려 소용돌이치는 어둠 속으로 데려갔다.

"찾았다고 발표하는 건 어때요? 유명해질걸요."

다케시의 태평한 소리에 도오루는 확 정신이 들었다.

"응? 뭐라고?"

"그러니까, 그 논문을 찾았다고 어딘가에 발표하는 거예요. 돈 생길지도 몰라요."

바로 그저께로 돌아왔다. 아인슈타인에게서 논문 초고를 받아 이십일 세기로 돌아왔을 때였다. 에오윈이 어째서 지금까지처럼 훨씬 옛날이 아니라 이 시간을 골라 도오루를 데려왔는지 이유는 모르지만 도오루는 분명히 의미가 있다고 강하게 느꼈다.

"발표를 어떻게 하냐. 나는 아인슈타인하고 아무런 관계도 없는데. 일본에 아인슈타인을 초대한 '가이조샤' 하고도 관계없고, 발견한 경위도 설명이 안 돼. 잘못되면 범죄자가 돼 버린다고."

도오루는 호흡이 빨라지는 것을 필사적으로 누르면서 먼저와 비슷하게 말했다.

도오루는 초조해하지 말라고, 아직 시간이 있다고 그 사이에 어떻게든 샨린을 지킬 방법을 생각해 내면 된다고 스스로에게 되뇌었다. 그리고 침착함을 유지하려고 노력했다.

"안 되나요."

"안 돼. 우선 이 이야기는 지금부터 문외불출. 우리들만의 비밀이야. 그럴싸한 변명이라도 생각나면 적합한 곳에 전달하자. 이건 인류의 재산이니까."

"형이 죽으면 유품을 정리하는 사람은 깜짝 놀라겠네요. 이상한 걸 많이도 수집했네, 하면서요. 어디서 구했는지도 모를 문화유산이 지천에 깔려 있을 테니."

"재수 없는 소리 하지 마!"

'이 말인가. 에오원은 이 죽으면, 이라는 말에 의지해 나를 이 시간에 돌려 놓았나.'

"그렇게 정색하지 마세요. 농담이에요. 그건 그렇고, 저 배고파요."

"나도."

"피자 먹었잖아."

지금은 나가고 싶지 않았다. 아직 아무것도 생각이 떠오르지 않았기 때문이다.

"피자 먹은 지 벌써 꽤 지났어요. 이거 계속할 거예요?"

다케시가 산더미처럼 쌓인 책을 보면서 질렸다는 듯이 말했다.

"그럼, 알았어. 책 정리는 나중에 다시 하기로 하고 저녁이나 시켜 먹자."

"네? 또 배달시켜요?"

"이사했으니까 소바라도 먹자. 힛코시 소바."

"힛코시 소바? 그게 뭐야?"

샨린이 물었다

'아, 이 목소리. 이 얼굴. 이 손. 찰랑이는 머리카락. 잃기 싫어. 절대 빼앗기지 않아!'

"응, 듣고 있어?"

"아아. 힛코시 소바. 일본에서는 이사를 하면 축하하는 의미로 소바를 먹는 관습이 있어. 무사히 이사를 끝냈습니다. 오래오래 언제까지나 여기에서 지낼 수 있도록 해 주세요. 그런 뜻으로."

샨린과 평생 함께 살 수 있도록. 도오루는 온 마음을 다해서 말했다.

하지만 다케시가 이의를 제기했다.

"소바는……. 고기를 못 먹잖아요."

"고기가 들어 있는 소바를 먹으면 되잖아."

"힛코시 소바는 보통 자루소바잖아요."

왜 그렇게 세세한 것까지 집착하는 거야. 별로 상관없잖아, 가모난반이든 니쿠소바든.

"다케시 씨, 고기 먹고 싶구나. 역 앞에 레스토랑 가지 않을래?"

"갑시다!"

결국은 이렇게 되나 보다고, 일어났던 일은 바뀌지 않나 싶어서 도오루는 좌절했다. 하지만 금세 갈릴레오를 만나 역사를 바꿨던 일을 기억해 냈다.

"샤린 씨는 뭐 먹고 싶어요?"

"샐러드."

"샐러드 먹으려면 이탈리아 식당으로 갈까? '디너 메이트' 가자."

그 레스토랑은 걸어서 이삼 분 거리에 있다. 역까지 가지 않아도 되는 것이다.

"저, 파에야 먹고 싶어요."

평소에는 뭐든지 좋다고 하는 다케시가 갑자기 그런 말을 했다.

"고기 먹고 싶다며?"

"고기도 먹고 싶은데요, 오늘은 파에야가 먹고 싶어요."

"나 거기 아스파라거스 샐러드 먹고 싶어."

"그럼 역 건물의 스페인 요리집에 갈까요?"

"거기 좋아. 나 옷 갈아입고 올게."

도오루의 필사적인 저항에도 불구하고 결국 똑같은 상황이 펼쳐지려 하고 있었다. 샤린은 걸치고 있던 검은 카디건을 벗어 의자에 걸었다.

'아아, 저게 샤린의 향과 함께 남아 있던 거구나. 뭔가, 뭐 없을까. 샤린을 지킬 뭔가가 없을까. 뭐든지 좋다. 몸을 지킬 수 있는 걸 지니게 하는 거야.'

도오루가 주변을 둘러보았다. 눈에 딱 들어오는 것이 없었다. 수건 같은 걸로는 어림도 없다. 좀 더 튼튼한 걸로 샤린의 목숨을 지켜 줄 만한 것을 찾기 위해 바쁘게 주위를 둘러보았다.

'이거다! 이거라면 분명히……'

도오루가 샤린이 벗은 카디건을 움켜쥐고 방으로 뛰어 들어갔다. 샤린이 분홍색 플레어스커트와 하얀 터틀넥 스웨터로 갈아입고 있었다.

"샤린."

"뭐야, 나 옷 갈아입잖아."

"샤린, 이걸 옷 안에 넣어 주지 않을래?"

"뭐? 왜?"

샤린이 그것을 보고 얼굴을 찌푸렸다.

"중요한 거니까. 가져가고 싶어."

"도루, 가져가면 되잖아."

"나 잘 잃어버리니까. 만약에 어디에 놓고 오면 큰일이잖아. 응, 부탁할게."

"근데 이거 넣으면, 이상해."

"이 카디건 걸치면 괜찮잖아. 내가 이렇게 부탁할게. 잃어버리고 싶지 않단 말이야."

'샨린, 너를 잃고 싶지 않아.'

"……알았어. 도루, 뭔가 이상해."

도오루가 강하게 나가자 압도당한 샨린이 승낙해 주었다.

'최대한 옷을 많이 입고 가 줘. 조금이라도 좋으니까.'

도오루가 온 마음을 담아 생각했다.

"이상할지도 몰라. 이렇게 하고 싶거든."

도오루가 샨린을 꽉 껴안았다. 그리고 이 따스함과 심장 소리를 절대 빼앗기지 않겠다고 다짐했다.

"이상하네, 도루."

샨린이 웃었다.

'그래. 그 미소. 그 미소를 평생 나에게 보여 줘.'

도오루가 샨린에게 키스했다. 그리고 다시 한 번 온 힘을 다해 껴안았다. 샨린도 도오루의 목에 양팔을 둘렀다. 차랑차랑 작은 방울 소리가 났다. 그 팔찌였다.

"이것도 소중한 거지. 잃어버리지 마."

"걱정 마."

샨린은 좋아하는 목걸이를 하고, 사료 자루를 꺼내 에오윈의 그릇에 사료를 부어 주고 물을 갈아 주었다.

"에오윈 밥 줘야지. 착하지, 집 잘 지키고 있어야 해."

샨린이 에오윈의 머리를 쓰다듬어 주었다. 에오윈이 머리를 샨린의 무릎에 비벼 대면서 스커트에 발톱을 세웠다.

"안 돼. 에오윈, 떨어져."

그래. 에오윈도 샨린을 잃고 싶지 않은 것이다.

"부탁이야. 응, 착하지. 에오윈 착해."

에오윈이 샨린을 지켜 주기 위해 현관까지 따라왔다.

"다케시 핸드폰 챙겼어?"

"네? 아, 네. 까먹을 뻔했네요."

"두고 가는 거 없지?"

"없습니다."

세 사람은 코트를 걸치고 역 건물로 향했다. 가는 길을 바꾸는 편이 좋을지 생각해 봤지만 이번에 피하더라도 결국 샨린의 전남편이 나타날 것이라는 생각이 들었다. 그렇다면 샨린을 지키면서 남자를 경찰에 넘겨야 했다. 두 가지 생각에 도오루는 갈피를 잡기가 힘들었다.

"아, 잠시만요."

갑자기 다케시가 멈춰 섰다.

"저 교통카드 두고 왔어요."

"뭐라고? 아까 잊은 거 없는지 확인했잖아. 왜 제대로 확인하지 않은 거야?"

어째서 이렇게 되는지, 도오루는 이 상황이 원망스러웠다.

"죄송해요. 주머니에 넣어 두면 귀찮아서 빼놨거든요."

"할 수 없지. 다 같이 가지러 가자."

"가게에 사람 많을지도 몰라. 나 먼저 갈까?"

"아니야. 같이 갔다 가."

"자리 맡아 놔야지. 없으면 곤란해. 먼저 갈게."

샤린이 말을 끝내고 걸어가기 시작했다. 도오루는 이를 꽉 깨물었다. 어째서 이렇게 흘러가는지 알 수 없었다.

"빨리 갔다 오자. 뛰어!"

"왜 그렇게 서둘러요?"

"잔말 말고, 달려!"

딱 알맞은 순간에 다리에 도착해 샤린을 구하고 남자를 때려눕힌다. 그 방법밖에 없다. 하지만 도오루의 체력은 스스로도 놀랄 정도로 안 남아 있었다. 강에 들어가고, 병원에 실려 갔다 와 지친 상태 그대로 돌아와 버린 것이다. 도오루는 헉헉거리면서 맨션의 문을 열고 현관에 털썩 주저앉았다.

"빨리 가져와."

"죄송해요. 번거롭게 만들어서. 그런데 어디에 놨지."

"빨리!"

도오루가 신발도 벗지 않고 방에 들어가 같이 찾기 시작했다.

"탁자 위에는 없어. 서재 책상에 있나?"

도오루와 다케시는 서재 불을 켜고 어지러운 책상 위를 뒤져 서류 밑에 있는 교통카드 지갑을 찾아냈다.

"이제 진짜 잊은 거 없지."

"진짜 없어요."

"빨리 가자!"

"아까부터 왜 그렇게 서둘러요? 역시 배고픈 거죠?"

"말이 많네. 빨리빨리!"

도오루는 서재 불을 켜 둔 채 다케시를 재촉해 집을 나섰다. 이번에는 엘리베이터가 좀처럼 오지 않았다. 도오루는 뛰어 내려가고 싶은 심정이었다. 겨우 엘리베이터가 팔 층에 도착했고 두 사람은 서둘러 탔다. 엘리베이터가 내려가고 있는 시간조차 헛되게 보내고 싶지 않은 심정이었다. 도오루는 엘리베이터에서 뛰어나와서 다케시를 거들떠보지도 않고 서둘러 역으로 향했다.

"샨린은 아마 이쪽으로 갔을 거야."

도오루는 그 다리를 건너는 길을 택했다. 제발 시간에 맞게 도착하기를 간절히 빌었다. 그러나 멀리서 꺄악 비명 소리가 들렸다.

　'이런, 큰일이다. 그만둬. 부탁이야.'

　"뭔가 사람들이 모여 있는데요."

　"뛰어! 빨리!"

　두 사람이 다리를 향해 달렸다. 다케시는 어째서 달려야 하는지 이유를 전혀 몰랐다. 하지만 달리라는 말을 들었는데 걸을 수도 없는 노릇이고 어쩔 수 없이 따라 달리기 시작했다. 도오루는 금방이라도 픽 쓰러질 듯한 몸을 견뎌 내면서 겹겹이 둘러싸고 구경하는 사람들을 헤쳐 나갔다.

　"좀 지나가겠습니다!"

　샨린이 몸이 뒤로 젖혀지면서도 필사적으로 다리 난간에 손을 잡고 있었다. 검은 점퍼를 입은 남자가 덮치고 있었다.

　"샨린!"

　도오루가 잠바를 입은 남자에게 달려들어 몸통을 양팔로 잡고 샨린에게서 떼어 냈다.

　"이 자식이!"

도오루가 정신없이 남자의 팔을 비틀어 땅에다 덮쳐 눌렀다. 대체 어디에서 이런 힘이 나왔을까. 몸은 너무도 지쳐 있는데 말이다.

"비켜!"

남자가 절로 얼굴이 찡그려지는 술 냄새를 풍기며 칼을 휘둘러 댔다. 반사적으로 팔을 들어서 막았다. 손바닥에 화악하고 차가운 것이 지나가고 금세 그곳이 뜨거워졌다. 멀리서 사이렌 소리가 들려왔다. 도오루가 칼을 가진 손을 잡아 땅에 세게 내리쳤다. 코앞에서 날카로운 칼끝이 흔들렸다.

"비켜! 가린! 가린!"

남자가 샤린의 이름을 끊임없이 불렀다.

"내 가린이야. 나만의, 나만의."

"웃기지 마!"

도오루가 남자의 얼굴을 세게 쳤다. 남자의 코에서 피가 흘러내렸다.

"가린, 사랑해! 다시 시작하자고! 가린!"

남자가 아이처럼 울면서 소리쳤다.

"사랑한다면서 죽이려는 거야! 응? 칼로 협박해서 억지로 관계를 되돌리려고 하는 거냐고! 그게 네가 사랑하는 방식이냐! 뭐라고 말해 봐! 뭐라고 말하란 말이야!"

도오루가 소리를 지르면서 몇 번이고 몇 번이고 남자에게 박치기를 했다. 저절로 눈물이 넘쳐흘렀다.

'샤린은 장난감이 아니야. 인형이 아니란 말이야!'

"좋아해! 가린!"

남자가 여전히 큰 소리로 외쳐 댔다.

"이 자식이!"

도오루가 피투성이가 된 손바닥으로 남자를 때렸다. 그리고 남자의 양어깨를 붙들고 몇 번이고 남자의 머리를 땅에 세게 내려쳤다.

"다시 잘해 보자! 좋아한단 말이다! 사랑한다! 사랑해!"

남자가 도오루에게 쉴 새 없이 맞으면서 흐느껴 울었다.

경찰이 달려와 도오루를 남자에게서 떼어 내고 남자를 제압했다. 남자는 엉엉 소리 내 울면서 경찰차에 태워졌다. 구급차도 도착했다.

"샤린! 샤린은?"

샤린은 다리 난간을 기대 앉아 있었다. 배를 누르고 있다. 분홍색 스커트에 피가 배어 나오고 있었다.

"샤, 샤린."

"도루……."

도오루는 거의 기어서 샤린 쪽으로 나아갔다. 더 이상 힘이 없다.

"도루……. 미안해……. 소중한 걸……. 더럽혔어."

샨린이 눈물을 흘렸다.

"그런 건 상관없어! 상처는? 아픈 거야?"

"비켜 주세요!"

구급 대원이 와서 도오루와 샨린은 떨어졌다. 샨린이 들것에 실려 구급차로 옮겨졌다.

"저 여자 분이랑 아는 분입니까?"

"네."

"그럼 같이 타세요."

"이 친구도 그렇습니다만."

도오루가 어안이 벙벙해서 멍청히 서 있는 다케시를 가리켰다.

"응급 처치를 해야 해서 더 이상은 탈 수 없습니다. 저분은 다치지 않았죠?"

"네, 아마도."

"그럼, 일단 경찰한테 가 보시는 게 좋겠네요."

구급 대원이 그렇게 말하고 옆에 있는 경찰에게 무엇인가 이야기하고 도오루를 구급차에 태웠다.

샨린이 응급 처치를 받는 것을 보면서 도오루는 생각했다. 그 남자도 그 남자 나름의 최선을 다하는 마음으로 샨린을 사랑했을지 모른다. 그 방법이 어딘가에서 틀려 버렸을 뿐일지도 모른다. 자신도 한 걸음 잘못 디뎌 비슷한 과오를 범하고 있었을지 모른다. 증오하면서도 사랑하고, 사랑하면서도 상처를 입히고 마는…….

"손을 내밀어 주세요."

"네?"

"지금은 소독만 하겠습니다. 치료는 병원에 도착하면 할 테니까요."

새삼 자신의 손을 보니 왼손바닥이 쩍하고 갈라져 있다. 셔츠도 스웨터도 바지도 피투성이였다.

도오루는 생년월일, 주소, 부모님의 연락처, 그리고 샨린과의 관계에 대해 질문을 받으면서 응급 처치를 받았다.

"저기, 샨린의 상처는……."

"병원에서 제대로 치료할 겁니다. 지금 받아 줄 곳을 찾고 있습니다. 출혈이 심해 지혈을 하고 있고요. 의식도 제대로 있습니다."

"도루……."

샨린이 피투성이 손을 뻗어 왔다. 도오루는 흔들리는 구급차 안에서 그 손을 꼭 잡았다. 이제 절대로 놓지 않아. 두 번 다시 이 손을 놓지 않아.

　연락을 받은 도오루의 아버지가 부랴부랴 택시를 타고 병원에 도착했다. 경찰을 따라갔던 다케시도 경찰차를 타고 병원에 왔다. 도오루는 상처를 봉합하고 붕대를 감았다.

　"도오루, 대체 이게 무슨 일이냐?"

　아버지가 노여움과 걱정이 가득한 목소리로 물었다.

　"저 여자와는 무슨 관계냐? 어쩌다 이런 터무니없는 일을……."

　"……제 애인입니다. 조만간 소개하려고 했어요."

　"그게 무슨 소리냐. 처음 듣는 소리구나."

　"조만간 소개하려고 했었다고요."

　"경찰한테 들었다. 저 여자 헤어진 남편한테 찔렸다고 하던데."

　"다케시, 샨린은 괜찮아?"

　"지금……. 진찰을 하고 있는 것 같아요."

　커튼으로 나뉜 좁은 공간 구석에 우두커니 서 있던 다케시가 얼이 빠져서 대답했다. 뭐가 어떻게 되었는지도 모르겠고 이 상황이 그저 얼떨떨했던 것이다.

　"상태는?"

　"저한테는 자세히 알려 주지 않아요. 가족이 아니라고."

"가족……."

"경찰이 샨린 씨 가족의 연락처를 알아보고 있는 것 같던데요."

"지금, 샨린이라고 했냐? 그럼 그 여자는 외국인이야?"

도오루의 아버지가 대화에 끼어들었다.

"일본 국적을 가지고 있어요. 대만에서 태어났고요."

"외국인이고 게다가 이혼을 했다고……? 진심이냐?"

"외국인이고 이혼을 했어도 저는 그 사람을 사랑해요. 결혼을 생각하고 있습니다."

"칼을 휘두르던 전남편은 어떻게 할 거냐……. 두 번 다시 찾아오지 않는다고 장담 못 한다. 못 하지, 못 해."

아버지의 얼굴이 새빨개졌다.

"네 엄마도 지금 이쪽으로 오고 있다. 전화로 계속 걱정했어. 자칫 잘못하면 목숨을 잃을 뻔했다. 가족들 기분도 조금은 생각하는 게 좋겠구나."

아버지가 도오루에게 충고했다. 지금은 그 기분을 너무나도 잘 안다. 사랑하는 사람을 잃었을 때의 공포, 슬픔, 절망감이 얼마나 힘든지 도오루는 이미 맛보았다.

"아버지, 걱정 끼쳐서 죄송해요. 그래도 큰 상처는 아니에요. 그것보다……."

"정신 없으신데 죄송합니다만……."

커튼 가장자리가 열리고 점퍼를 입은 남자가 얼굴을 들이밀었다.

"경찰입니다. 잠시 이야기를 듣고 싶은데 괜찮습니까?"

사복 경찰이 신분증을 보이면서 도오루에게 물었다.

"네, 괜찮습니다."

"죄송합니다만 다른 분들은 자리를 비켜 주시겠습니까?"

경찰관이 도오루의 아버지와 다케시를 커튼 밖으로 내몰았다.

"저기, 샨린의 상태는……."

도오루가 그렇게 물었을 때 커튼이 너풀너풀 흔들렸다. 미지근한 바람이 이불과 시트를 걷어 올렸다.

'자, 잠깐만! 샨린이 어떻게 됐는지 아직 몰라!'

하지만 바람은 점점 거세지고 커튼으로 나뉜 병실이 어두워졌다.

'가르쳐 줘! 샨린이 어떻게 됐는지! 다시 나 혼자 그 집으로 돌아가는 건 싫어!'

따스한 바람이 도오루의 전신을 들어 올렸고 어둠은 더욱 깊어져 도오루는 그 어둠의 안으로 동화되어 갔다.

　정신을 차려 보니 도오루는 거실 바닥에 주저앉아 있었다. 손에는 끊어진 샨린의 팔찌를 들고 있다. 그리고 에오윈이 그 팔찌에 장난을 치고 있다. 시간은 저녁 여덟시 삼십칠분.

　'설마…… . 설마, 아무것도 변하지 않은 건가? 나는 단지 꿈을 꾼 건가? 과거에 갔다가 그냥 돌아왔단 말인가? 그런 일이…… .'

　도오루는 절망감에 휩싸였다. 그때 침실 문이 열리는 소리가 났다. 도오루가 재빨리 뒤를 돌아보았다.

　"고쳤어?"

　샨린이 있다. 피가 흐르는, 살아 있는 샨린이 저곳에 있다.

　"샨린……!"

　"어려워?"

　"응?"

　"체인, 끊어져서 안 이어져?"

　손을 다시 보니 작은 펜치가 마루에 놓여 있다. 왼쪽 손바닥에는 커다란 붕대가 감겨 있다.

　"자, 잠깐만."

　도오루가 끊어져 고리가 벌어진 체인을 연결해 꼼꼼히 고정시켰다.

"이어졌어."

마치 끊어진 시간의 고리가 이어진 것 같았다. 샨린을 잃고 도중에 끊어진 시간이 다시 이어진 것이다. 도오루는 일어나서 샨린에게 다가갔다.

"손 내밀어 봐."

앞으로 내민 샨린의 가는 손목에 팔찌를 채워 줬다.

"이거 절대로 잃어버리면 안 돼. 너한테 소중한 부적이야."

도오루가 샨린을 끌어안았다. 따뜻하다. 쿵쿵 고동 소리가 전해져 온다. 부드럽고 달달한 향기가 코끝을 간질인다.

"샨린, 샨린……."

머리카락을 쓰다듬고 부드러운 몸을 양팔로 가득 안는다. 허리에 손을 내렸을 때, 도오루는 갑자기 생각이 났다.

"샨린, 상처는? 오늘 몇 년 몇 월 며칠이야?"

대체 어느 시간으로 돌아왔는지 궁금했다.

"도루, 괜찮은 거야?"

샨린이 의심쩍은 얼굴로 도오루를 올려다보았다.

"오늘 이천칠년 삼월 십팔일."

삼월 십팔일……. 그날은 십육일이었다.

"그날, 도쿄에 눈 내렸대. 첫눈이었대. 요코하마, 눈 안 내렸어."

그래, 추운 날이었다. 얼음장 같은 물속에 있었다.

"나, 살짝 긁혔어. 도루, 걱정이었어."

"나?"

"도루 손, 상처 났어. 컴퓨터 쓸 수 없어."

그때 칼에 찢어진 상처였다.

"이런 거 금방 나아."

샨린의 목숨과 바꾼다면 이 따위 상처는 그다지 대단한 것이 아니다.

"중요한 거 더럽혔다. 미안해."

샨린이 탁자 위로 시선을 옮겼다. 그곳에는 비닐봉지에 들어 있는 아인슈타인의 특수 상대성 이론 초고가 놓여 있었다. 도오루가 비닐봉지에서 그것을 꺼냈다. 구멍이 나고 뒷장은 거무스레하게 피가 굳어 이제는 넘길 수 없게 되었다.

"이거 있었다, 나 상처 적었어. 그래도 이제 읽을 수 없어."

"괜찮아……. 괜찮아."

이것 덕분에 샨린의 목숨을 되살릴 수 있었다. 도중에 끊어진 시간의 고리가 다시 이어졌다. 모든 것이 이제부터 시작된다. 아인슈타인 덕분에 다시 새로운 나날을 샨린과 함께 살아갈 수 있게 되었다.

아인슈타인이 아직 살아 있다면 이 일을 보고하고 싶을 정도였다. 어떻게 감사를 표해야 할지 가슴이 벅차올랐다.

'고맙습니다. 알베르트 아인슈타인……'

그와 만나지 못했다면 지금 이렇게 샨린과 같이 있을 수 없었다. 그 만남을 가능하게 한 에오원에게도 감사하지 않으면 안 된다. 에오원은 샨린의 다리에 머리를 부비면서 목을 울렸다.

"에오원도 쓸쓸했구나."

도오루가 에오원의 머리를 쓰다듬어 주었다.

"친애하는 아인슈타인……."

문득 그런 말이 도오루의 입에서 흘러나왔다.

"응?"

"아니, 아인슈타인한테 편지를 쓴다면……."

"친애하는 아인슈타인. 다시 만나면 기쁠 거야."

"맞아."

어쩌면 에오원이 다시 만나게 해 줄지도 모른다.

도오루가 탁자 위에 쌓여 있던 신문을 펼쳤다. 삼월 십칠 일자 조간이었다. 지역 소식 페이지 구석에 작게 사건에 대해 실렸다.

"용의자는 그 자리에서 체포돼…… 범행을 전면적으로 인정했다."

이것으로 당분간은 안심해도 된다. 이제 앞으로 남은 일은 시간을 들여 도오루 부모님의 마음을 열고 샨린의 가족에게

인사하러 가는 것이다. 꼭 해피하겠습니다, 라고 당당하게
말할 것이다.

"있잖아, 샨린."

"왜에?"

"상처 보여 주지 않을래?"

"응? 싫어. 예쁘지 않아. 나, 상처 생겼어."

"그 몸을 보고 싶은 거야. 아름다운 몸을."

"그래도."

"어떤 상처가 있어도 샨린은 아름다워."

도오루가 블라우스 단추를 풀고 스커트를 내렸다. 까만 창
에 샨린의 하얀 살결이 비쳤다. 그 어떤 여배우, 모델보다 샨
린이 아름답다고 생각했다.

"정말 예뻐, 샨린."

도오루가 샨린을 침실로 데려갔다. 그리고 따스한 피가 흐
르는 몸을 다정하게 안았다.

두 사람은 침대 위에서 살을 마주 대고 쉬고 있었다. 도오
루는 샨린의 등을 쓰다듬으면서 생각에 잠겼다.

'과거로는 몇 번이나 갔지만 이렇게 길게 있었던 것은 처

음이다. 샨린이 없는데 시공을 여행한 것도 처음이다.'

슈뢰 고양이 에오윈의 신비한 능력은 또 새로운 수수께끼를 낳았다.

침실에서 밖으로 쫓겨난 에오윈이 닫힌 문 앞에서 끊임없이 울었다.

"에오윈, 쓸쓸하구나."

샨린이 침대에서 일어나 문을 열고 에오윈을 안으로 들어오게 했다. 에오윈이 침대에 뛰어 올라와 가장 푹신한 담요 위에서 털 다듬기를 시작했다.

털을 정돈하고 새로운 모험에 대비라도 하듯이.

책을 마치며

예전에 나는 유카와 가오루[湯川薰]라는 필명으로 어설픈 소설을 쓰기도 했다. 지금 생각하면 '지우고 싶은 과거'이다. 농담이다. 『고양이는 과학적으로 사랑을 한다?』는 유카와 가오루처럼 어설픈 소설이지만 다케우치 가오루[竹內薰]로 책을 내기로 했다.

이 작품의 내용은 언뜻 보기에는 황당무계할지 모른다. 하지만 주인공 샨린이 안고 있는 가정 폭력의 트라우마, 강에서 떨어진 사건, 병원 장면 등 대부분은 실화에 기반을 두고 있다.

인물 묘사나 사건은 사실을 바탕으로 했으며, 거기에 실존

하는 과학자들의 이야기를 엮어 썼다. 양자론 '사고 실험'의 산물이기도 한 슈뢰 고양이 에오윈이 모든 일의 열쇠를 쥐고 있다. 개인적으로는 이 책으로 '연애 과학 소설'이라는 새로운 장르를 열고 싶다.

그건 그렇고 신경 쓰이는(?) 것은 다케우치 가오루와 후지 가오리의 집필 분담인데, 그것에 관해서는 엘러리 퀸 이야기를 하고 싶다.

엘러리 퀸은 프레데닉 대니와 맨프레드 B. 리라는 사촌지간 작가의 공동 필명이다. 『로마 모자의 비밀』을 시작으로 나라 이름 시리즈나 『X의 비극』『Y의 비극』등 도르리 렌 사부작으로 유명한 미국 소설가로 처음에 두 사람은 정체를 밝히지 않고 매스컴 앞에서는 복면을 쓰고 서로 작품을 혹평하는 모습을 연출하기도 했다.

그들의 집필 방법에 대해서는 한 명이 이야기를 생각하고 다른 한 명이 글을 썼다고 하는 등 의견이 분분하지만 진실은 그 누구도 모른다.

원래부터 작품이란 그런 것이다.

작품이 만들어지는 과정은 중요치 않다. 중요한 것은 만들어진 작품 자체이며, 책이 독자의 손에 있는 시점에 작가는 더 이상 그다지 중요한 존재가 아니다. 우리들의 집필 방식도 얼굴과 이름은 분명히 밝히고 있지만 그 제작 과정의 비밀은 엘러리 퀸의 사례를 모방하고자 한다.

도오루, 샨린, 다케시 그리고 에오윈은 작가의 품에서 빠져나가 어느새 홀로 걷기를 시작해 독자의 상상 세계를 뛰어다니고 있다.

어쩌면 여러분이 들고 있는 이 책에서 슈뢰 고양이 에오윈이 빠져나와 지금 당신의 등 뒤에서 비취색 눈동자를 빛내고 있을지도 모른다.

언제나 내 영감의 원천이 돼 주고 가끔은 원고 위에 배를 깔고 누워 방해를 해 주는 우리 집 고양이들아, 고맙다.

다시 어딘가에서 에오윈과 함께 독자 여러분들을 만나 뵙기를 바라며!

고양이를 좋아하는 과학 작가 다케우치 가오루

다케우치 가오루 홈페이지
http://www.kaoru.to./schro_web.html

고양이는 과학적으로 사랑을 한다?

펴낸날	초판 1쇄 2008년 12월 8일
	초판 6쇄 2015년 4월 21일

지은이	다케우치 가오루, 후지이 가오리
옮긴이	도현정
펴낸이	심만수
펴낸곳	(주)살림출판사
출판등록	1989년 11월 1일 제9-210호

주소	경기도 파주시 광인사길 30
전화	031-955-1350 팩스 031-624-1356
홈페이지	http://www.sallimbooks.com
이메일	book@sallimbooks.com

ISBN   978-89-522-1037-1   03400